职业教育教学用书

网页设计与制作

主　编　梁海利　赵永冕

副主编　尹昌慧　霍丽花

参　编　刘兰彬　刘万昌　郑伟贞

U0386487

电子工业出版社.

Publishing House of Electronics Industry

北京·BEIJING

内 容 简 介

本书以网页制作软件 Dreamweaver CS3 作为介绍对象，使学生通过学习，掌握创建与管理站点的基本方法；在网页中添加文本、图像和创建超级链接的方法和技巧；使用表格布局页面的方法与技巧；CSS 样式的设置及应用；模板与库的建立及应用；表单与 Spry 构件的建立及应用；运用 AP 元素（层）和行为实现网页的特殊效果；用 Div+CSS 布局网页的方法；创建多媒体网页的方法与技巧；测试和发布网站的方法。

本书可作为中等职业学校《网页设计与制作》课程的教材，也可作为网页设计爱好者的自学用书及专业技术人员的参考用书。

图书在版编目（CIP）数据

网页设计与制作 / 梁海利，赵永冕主编．—北京：电子工业出版社，2014.1
职业教育教学用书

ISBN 978-7-121-20853-9

Ⅰ．①网… Ⅱ．①梁… ②赵… Ⅲ．①网页制作工具—职业教育—教材 Ⅳ．①TP393.092

中国版本图书馆 CIP 数据核字（2013）第 145365 号

策划编辑：施玉新
责任编辑：郝黎明
印　　刷：三河市鑫金马印装有限公司
装　　订：三河市鑫金马印装有限公司
出版发行：电子工业出版社
　　　　　北京市海淀区万寿路 173 信箱　邮编 100036
开　　本：787×1 092　1/16　印张：15.25　字数：390.4 千字
印　　次：2014 年 1 月第 1 次印刷
定　　价：29.80 元

凡所购买电子工业出版社图书有缺损问题，请向购买书店调换。若书店售缺，请与本社发行部联系，联系及邮购电话：（010）88254888。
质量投诉请发邮件至 zlts@phei.com.cn，盗版侵权举报请发邮件至 dbqq@phei.com.cn。
服务热线：（010）88258888。

前　　言

　　Dreamweaver 是 Adobe 公司的可视化网页设计制作工具和网站管理工具。CS3 是较为经典的版本。被广泛应用于网页设计、网站开发及学校教学。借助 Dreamweaver CS3 软件，可以快速、轻松地完成网页设计与制作、网站管理及维护。可以帮助用户在更短的时间内完成更多的工作。

　　本书采用项目式教学法，通过具体工作任务的实施来完成网页设计与制作的学习。通过所有项目的学习，读者能够掌握创建与管理站点的基本方法；在网页中添加文本、图像和创建超级链接的方法和技巧；使用表格布局页面的方法与技巧；CSS 样式的设置及应用；模板与库的建立及应用；表单与 Spry 构件的建立及应用；运用 AP 元素（层）和行为实现网页的特殊效果；用 Div+CSS 布局网页的方法；创建多媒体网页的方法与技巧；测试和发布网站的方法等。

　　每个项目涉及网页设计或者 Dreamweaver 软件的几个模块。首先对项目进行概述，再进行简要分析提出主要学习内容，项目目标是具体的学习要求。一个项目分几个任务，每个任务又至少包含一个活动。在活动实施前进行了必要的知识讲解，之后才是具体的任务实施。每个任务后有任务小结，每个项目后也有项目小结。两种小结都有总结所学、画龙点睛的效果。项目最后有综合实训和思考与练习，通过综合实训可帮助读者巩固技能操作；而思考与练习则能够让读者对每个项目所涉及的相关知识提纲挈领。

　　建议在学习时，首先了解知识准备，在有了足够的知识准备后，根据具体活动的任务描述自行或在教师的带领下完成任务实施。最后利用所给素材，自己独立完成综合实训，从而全面掌握运用 Dreamweaver 进行网页设计与网站管理的方法。

　　本书由梁海利、赵永冕主编，尹昌慧、霍丽花副主编，刘兰彬、刘万昌、郑伟贞参编。项目一、二、三由尹昌慧编写，项目四、五由赵永冕编写，项目六、八由霍丽花编写，项目七及项目九的任务二由梁海利编写，项目九的任务一由刘万昌、郑伟贞编写，项目九的任务三及项目十由刘兰彬编写。全书由梁海利统稿。

　　本书提供了配套的立体化教学资源，包括所用的素材及电子教案必需的文件，读者可通过华信教育资源网（www.hxedu.com.cn）免费下载。

　　由于作者水平有限，加上编写时间仓促，书中难免有疏漏和不妥之处，恳请广大读者批评指正。

编者

目　　录

项目一　网页设计基础

▌▌项目概述

　　互联网的诞生和快速发展，给网页设计师提供了广阔的设计空间。相对传统的平面设计来说，网页设计具有更多的新特性和表现手段，借助网络这一平台，将传统设计与电脑、互联网技术相结合，实现网页设计的创新应用与技术交流。如今的网页设计往往要结合动画、图像特效与后台的数据交互等，而 Dreamweaver CS3 作为 Adobe 公司经典的网页设计软件，是目前网页制作的首选工具。它具有简单易学、操作方便及适用于网络等优点，通过对 Dreamweaver CS3 的学习，即使没有任何网页制作经验的用户，也能很容易上手，制作出精美的网页。

▌▌项目分析

　　本项目从欣赏优秀网站入手，让学生从整体上了解网页的整体布局、色彩搭配、动感效果等，在欣赏中掌握 Internet、WWW、URL、网站、主页、浏览器等互联网概念。了解一些 HTML 语言知识，对学习制作网页、编辑修改网页都极为有益。

▌▌项目目标

- 赏析各种经典网页，了解各种类型网页的布局结构、色彩搭配。
- 掌握 Internet、WWW、网站、网址、网页、主页等互联网相关概念。
- 利用 HTML 语言编写简单网页。
- 掌握 Dreamweaver CS3 工具栏和面板的使用方法。

任务一　初识网页

　　本任务通过对几个不同类型的优秀网站的欣赏，读者能够了解页面布局、色彩搭配、静态网页、动态网页等知识。

活动 1　赏析优秀网页作品

 知识准备

　　制作一个优秀的网页，首先需要了解设计网页的一些原则，根据网页所要展示的内容，进行网页的设计构思、布局、配色等工作。

一、网页的布局

　　网页布局的好坏是决定网页美观与否的一个重要方面。通过合理的布局，可以将页面中的文字、图像等内容完美、直观地展现给访问者，同时合理安排网页空间，优化网页的页面效果。反之，如果页面布局不合理，网页在浏览器中的显示将十分糟糕，页面中的各个元素的显示效果可能会重叠或丢失。

　　网页布局的分类和布局方法请参看项目四中任务二的活动 1，此处不再赘述。

二、网页的配色

颜色的使用在网页制作中起着非常关键的作用，色彩搭配成功的网站可以令人过目不忘。但要在网页设计中自由掌握色彩的搭配，首先需要了解一些网页配色的基础知识。

1. 色彩搭配原则

在选择网页色彩时，除了考虑网站本身的特点外还要遵循一定的艺术规律，从而设计出精美的网页。

1）色彩的鲜明性

如果一个网站的色彩鲜明，很容易引人注意，会给浏览者耳目一新的感觉。

2）色彩的独特性

网页的用色必须有自己独特的风格，这样才能给浏览者留下深刻的印象。

3）色彩的艺术性

网站设计是一种艺术活动，因此，必须遵循艺术规律。按照内容决定形式的原则，在考虑网站本身特点的同时，大胆进行艺术创新，设计出既符合网站要求，又具有一定艺术特色的网站。

4）色彩搭配的合理性

色彩要根据主题来确定，不同的主题选用不同的色彩。例如，用蓝色体现科技型网站的专业，用粉红色体现女性的柔情等。

2. 网页色彩搭配方法

网页配色很重要，网页颜色搭配得是否合理会直接影响到访问者的情绪。好的色彩搭配会给访问者带来很强的视觉冲击力，不恰当的色彩搭配则会使访问者感觉不舒服。

1）同种色彩搭配

同种色彩搭配是指首先选定一种色彩，然后调整其透明度和饱和度，将色彩变淡或加深，而产生新的色彩，这样的页面看起来色彩统一，具有层次感。

2）邻近色彩搭配

邻近色是指在色环上相邻的颜色，如绿色和蓝色、红色和黄色即互为邻近色。采用邻近色搭配可以使网页避免色彩杂乱，易于达到页面和谐统一的效果。

3）对比色彩搭配

一般来说，色彩的三原色（红、黄、蓝）最能体现色彩间的差异。色彩的强烈对比具有视觉震撼力，对比色可以突出重点，产生强烈的视觉效果。通过合理使用对比色，能够使网站特色鲜明、重点突出。在设计时，通常以一种颜色为主色调，其对比色作为点缀，以起到画龙点睛的作用。

4）暖色色彩搭配

暖色色彩搭配是指使用红色、橙色、黄色等色彩的搭配。这种色调的运用可为网页营造出温馨、和谐和热情的氛围。

5）冷色色彩搭配

冷色色彩搭配是指使用绿色、蓝色及紫色等色彩的搭配，这种色彩搭配可为网页营造出宁静、清凉和高雅的氛围。

6）有主色的混合色彩搭配

有主色的混合色彩搭配是指以一种颜色作为主要颜色，同时辅以其他色彩混合搭配，形成缤纷而不杂乱的搭配效果。

7）文字与网页的背景色对比要突出

文字内容的颜色与网页的背景色对比要突出，底色深，文字的颜色就应浅，以深色的背景衬托浅色的内容（文字或图片）；反之，底色淡，文字的颜色就要深些，以浅色的背景衬托深色的内容（文字或图片）。

![任务实施]

一、赏析搜狐主页

打开 IE 浏览器，地址栏输入：http://www.sohu.com，访问效果如图 1-1-1 所示。

图 1-1-1　搜狐主页

图 1-1-1 所示为搜狐主页。该网站内容丰富，涉及面广、广告与正文相穿插。主体部分采用的是"川"型布局的模式。网站 Logo 是以艳丽的黄色搭配黑色字体，大气、醒目。整个页面采用的是白色背景并搭配蓝色文字，给人清新淡雅、干净利落的感觉。

二、赏析韩国 KidsPlus 乐衣乐扣动画片卡通网站

打开 IE 浏览器，地址栏输入："http://kidsplus.shinhan.com"，访问效果如图 1-1-2 所示。

图 1-1-2　韩国 KidsPlus 乐衣乐扣动画片卡通网站首页

这是一个全 Flash 的韩文网站。以黄色及橙色为主色调，使用了少量的粉红色、紫色、蓝色及绿色，既色彩丰富又不喧宾夺主。整个页面没有完全填充为黄色，底部页脚部分的白色既给类似于打开

的贺卡的主视觉提供了稳固的水平面，也给整个设计增加透气的心理感受。大面积的渐变黄色背景中叠加了卡通图案，增添了设计层次，营造了设计的基调。Logo 多色彩的拼图方案和背景的拼图图案相呼应，导航使用向下顺延视线的大圆角吊牌的设计样式，并搭配手写的卡通字体，右边相关活动内容的圆形吊牌也采用了类似的设计。整个页面生动活泼，时尚温馨。

三、赏析帝尔复读机网站

打开 IE 浏览器，地址栏输入："http://www.zsdier.com"，访问效果如图 1-1-3 所示。

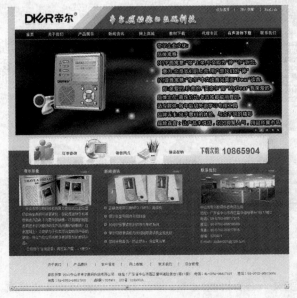

图 1-1-3　帝尔复读机网站

该网站的界面朴素大方，其左上角是企业的标志，导航栏下方的动态页面清晰地展示了最新产品和企业文化。在网站的颜色处理上，以灰色和蓝色为基调，显示出该公司在电子市场中的稳定和实力。同时在制作上充分运用一些动态效果，渲染页面的设计表现力，简洁清晰，展示出良好的生命力和创造力，让人觉得网站内容丰富又不凌乱。

活动 2　学习网页基本知识

 知识准备

一、浏览网页时应理解（掌握）的基本概念

1. Internet
Internet 来源于英文 Interconnect Networks，中文称为互联网，是由一些使用公用语言互相通信的计算机连接而成的全球网络，即广域网、局域网及单机按照一定的通信协议组成的国际计算机网络。
2. WWW
WWW 是 World Wide Web 的缩写，也可简写为 Web，中文称为万维网。万维网能够处理文字、图像、声音、视频等多媒体信息，是一个多媒体信息系统。
3. HTTP
HTTP 是 HyperText Transfer Protocol 的缩写，简称为超文本传输协议。是 WWW 所采用的标准传输协议，它的作用是提供浏览器与 WWW 服务器之间的通信。浏览 Web 就是 HTTP 在 Internet 上传

送 HTML 超文本标记语言编写的网页内容。

4．URL

URL 是 Uniform Resource Locator 的缩写，又称统一资源定位器，简称网址。URL 用来统一标识 Internet 各种资源的位置，其格式为：

协议名://主机名:端口号/文件路径/文件名，例如，搜狐网站的网址为http://www.sohu.com.cn。

5．浏览器

浏览器是浏览 Web 站点的主要客户端工具，是帮助人们查询、浏览网上信息资源的工具软件，是一个在你的计算机硬盘上的应用软件。例如，微软的 IE 浏览器、Mozilla 的 Firefox 浏览器、Apple 的 Safari，Opera、Google Chrome、GreenBrowser 浏览器等。

6．网站

网站又称站点，是指存放于特定计算机上的一系列网页文档的组合，网站中的文档通过超链接关联起来，利用浏览器可以实现整个网站的浏览。

7．网页

网页又称 Web 页，是由超文本标记语言 HTML 或者其他语言编写的，其中可包含文字、图像、声音、动画和超链接等各种网页元素。它可以在 Internet 上传输，并能够被浏览器翻译成页面显示出来。

8．主页

主页就是网站默认的首页，是用户登录到网站后看到的第一个页面，它体现了网站的形象，是最重要的一页。主页默认的文件名为 index.htm 或 default.htm，也可以自己设置 index.asp 或 default.asp 等。

9．静态网页与动态网页

网站中的网页一般包括静态网页和动态网页两种形式。静态网页的内容是固定不变的，与用户没有交互，它是由 HTML 代码写成的，这些代码都是客户端（用户的电脑）浏览器直接可以执行的。动态网页显示的内容不是固定不变的，它可以随浏览者的不同或者其他条件的不同在同一个页面中显示出不同的效果。动态网页通常以.aspx、.asp、.jsp、.php、.perl、.cgi 等为文件扩展名，主要使用 ASP.NET（ASP）、PHP 或 JSP 等技术。通常含有后台数据库支撑，有应用程序，具有交互性。

二、网页的组成元素

1．网站 Logo

网站 Logo 又称网站标志，它是一个站点的象征，也是一个站点是否正规的标志之一。网站的标志应体现该网站的特色、内容及其内在的文化内涵和理念。成功的网站标志有着独特的形象标识，在网站的推广和宣传中将起到事半功倍的效果。网站标志一般放在网站的左上角，访问者一眼就能看到。

2．网站的 Banner

网站 Banner 即横幅广告，是互联网广告中最基本的广告形式。Banner 可以位于网页顶部、中部或底部任意一处，一般横向贯穿整个或者大半个页面。主要使用 GIF 格式的图像文件，既可以使用静态图形，也可以使用动画图像。

3．导航栏

导航栏是网页的重要组成元素，它的任务是帮助浏览者在站点内快速查找信息。导航栏的形式多样，可以是简单的文字链接，也可以是设计精美的图片或是丰富多彩的按钮，还可以是下拉菜单导航。

4．文本

网页内容是网站的灵魂，而文本又是网页内容最主要的表现形式，无论制作网页的目的是什么，文本都是网页中的最基本和必不可少的元素。与图像相比，文字虽然不如图像那样易于吸引浏览者的注意，但却能准确地表达信息的内容和含义。

5．图像

图像在网页中具有提供信息、展示形象、装饰网页、表达个人情趣和风格的作用。在网页适当位置放置一些图像,不仅可以使文本清晰易读,而且使得网页更加有吸引力。可以在网页中使用 GIF、JPEG 和 PNG 等多种图像格式,其中使用最广泛的是 GIF 和 JPEG 两种格式。

6. Flash 动画

Flash 动画可以生成亮丽夺目的动态界面,而文件的体积一般只有 5～50KB。随着 ActionScript 动态脚本编程语言的发展,Flash 已经不再局限于制作简单的交互动画程序,通过复杂的动态脚本编程可以制作出各种各样有趣、精彩的 Flash 动画。由于 Flash 动画具有很强的视觉和听觉冲击力,因此,一些公司网站往往会采用 Flash 制作相关的页面,借助 Flash 的精彩效果吸引客户的注意力,从而达到比静态页面更好的宣传效果。

7. 链接

超级链接是网站的灵魂,它是从一个网页指向另一个目的端的链接,如指向另一个网页或者相同网页上的不同位置。超级链接可以指向一幅图片、一个电子邮件地址、一个文件、一个程序或者也可以是本页中的其他位置,可以说超级链接是网页的最大特色。

8. 表格

表格在网页中的作用非常大,它可以用来布局网页,设计各种精美的网页效果,也可以用来组织和显示数据。

9. 表单

表单主要用来收集用户信息,实现浏览者与服务器之间的信息交互。

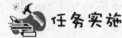 任务实施

上网浏览网页,观察网页元素的类型。

(1)打开 IE 浏览器,在地址栏输入 URL 网址:"http://www.ncu.edu.cn"。

(2)观察打开的南昌大学主页,了解构成网页的各元素,如图 1-1-4 所示。

图 1-1-4　南昌大学主页的组成部分

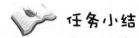 **任务小结**

本任务通过浏览不同类型的网页，读者能够了解网页的基本布局和网页的一些配色方案，同时也学习了一些网页的基本构成元素，为后续的课程打下基础。

任务二 认识 HTML

本任务通过对 HTML 常用标签及其属性的学习，读者能够对网页的 HTML 代码有一定的了解，会简单地修改 HTML 代码，能够利用 HTML 制作简单网页。

活动 使用 HTML 制作简单网页

 知识准备

一、认识 HTML

HTML 是 HyperText Markup Language 的首字母缩写，中文称为超文本标记语言。目前，Internet 上的绝大多数网页都遵循 HTML 语言规范，或是由 HTML 语言发展而来。

二、HTML 文档的基本结构

HTML 语言的核心是标签（或者称为标记）。也就是说，我们在浏览网页时看到的文字、图像、动画等在 HTML 文档中都是用标签来描述的。一个完整的 HTML 文档由<html>标签开始并由</html>标签结束，所有的 HTML 代码都应写在<html>标签与</html>标签之间。

三、HTML 标签的类型与特点

学习 HTML 语言的过程也就是学习各种标签格式的过程。

1. 常用标签

```
<html></html> 创建一个 HTML 文档
<head></head> 文档的头部，用于描述文档中包括标题在内的各种属性和信息
<title></title> 设置文档的标题，它是<head></head>部分中唯一必需的元素
<h1></h1>——<h6></h6> 定义标题文本，<h1>定义最大的标题，<h6>定义最小的标题
<pre></pre> 预先格式化文本
<u></u> 下划线
<b></b> 字体加粗
<i></i> 斜体字
<font size=""></font> 设置字体大小从 1 到 7
<basefont></basefont> 基准字体标记
<big></big> 字体加大
<small></small> 字体缩小
<strike></strike> 加删除线
<font color=00ff00></font>字体颜色，颜色使用名字或 RGB 的十六进制值
```

2. 格式标志标签

```
<p></p> 创建一个段落
<p align=""> 将段落按左、中、右对齐
<br>换行 插入换行符
<blockquote></blockquote> 从两边缩进文本
```

```
<dl></dl> 定义列表
<ol></ol> 有序列表,即编号列表
<ul></ul>无序列表,即项目符号列表,可由不同的属性控制符号是实心圆点(disc)、空心圆点(circle)
还是实心正方形(square),默认为实心圆点
<li></li> 用于<ol>、<ul>内,表示编号或项目符号列表中的一项
<center></center> 水平居中
```

3. 链接标志

```
<a href="url"></a> 创建超文本链接
<a href="mailto:email"> < /a> 创建自动发送电子邮件的链接
<a name="name"></a> 创建位于文档内部的书签
<a href="#name"></a> 创建指向位于文档内部书签的链接
```

4. 文档整体属性标签

```
<body bgcolor="">设置背景颜色。使用颜色名字或 RGB 的十六进制值
<body background="">设置背景图片
<body bgsound="">设置背景音乐
<body bgproperties="fixed">固定背景图片(IE 适用)
<body text="">设置文本颜色,使用颜色名字或 RGB 的十六进制值
<body link="">设置链接颜色,使用颜色名字或 RGB 的十六进制值
<body vlink="">设置已使用的链接的颜色,使用颜色名字或 RGB 的十六进制值
<body alink="">设置正在被击中的链接的颜色,使用颜色名字或 RGB 的十六进制值
<body topmargin="">设置页面的上边距
<body leftmargin="">设置页面的左边距
```

任务实施

使用 HTML 语言,在记事本编辑器中制作诗词赏析网页。

1. 复制素材

在本地磁盘下新建一文件夹,命名为"htmllx",将素材"item1/task2/material"中的"image"文件夹复制到新建的文件夹中。

2. 打开记事本

通过选择【开始】→【所有程序】→【附件】→【记事本】命令,打开记事本。

3. 输入 HTML 代码

在记事本输入如下代码:

```
<html>
<head>
<title>古诗欣赏</title>
</head>
<body bgcolor="FFF333">
<p  align="center"style="color:0066FF;font-size:24px"><strong> 江 雪 </strong>
</p><br />
    <p  align="center"style="color:0066FF;font-size:24px"><strong><u> 唐 • 柳 宗 元
</u></p><br />
   <p align="center"> <img src="image/jiangxue.jpg" width="255" height="207" /></p>
   <p align="center" style="color:0066FF;class="txt1">千山鸟飞绝, <br />
   <p align="center" style="color:0066FF;class="txt1">万径人踪灭。 <br />
   <p align="center" style="color:0066FF;class="txt1">孤舟蓑笠翁, <br />
   <p align="center" style="color:0066FF;class="txt1">独钓寒江雪。 <br />
   <hr width="500"color="#CC3300"/>
   <p align="left" >注释:所有的山上,都看不到飞鸟的影子,所有的小路,都没有人的踪影。</p>
   <p align="left" >孤零零的一条小船上,坐着一个身披蓑衣,头戴斗笠的老翁,在大雪覆盖的寒冷江面
```

```
上独自垂钓。</p>
    </body>
</html>
```

4. 保存为 HTML 文件

选择【文件】→【另存为】命令，将文件保存为"gsjx.html"，保存类型为"所有文件"。

5. 浏览网页

双击"gsjx.html"文件，在浏览器中打开，即可显示网页效果，如图 1-2-1 所示。

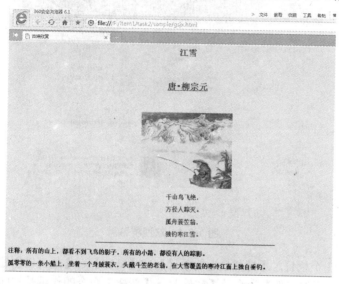

图 1-2-1 预览效果

 任务小结

本任务具体介绍了 HTML 文档的基本结构，以及 HTML 标签的类型与特点。通过本任务的学习，读者能够了解到 HTML 语言是网页制作的基础。

任务三 初识 Dreamweaver

本任务介绍 Dreamweaver CS3 的基本概况、工作界面及其新特性，为后续内容的学习奠定一个初步基础。

活动 熟悉 Dreamweaver 的工作界面

 知识准备

Dreamweaver 和 Flash、Fireworks 原是由 Macromedia 公司推出的一套网页制作软件，国内用户习惯称其为"网页三剑客"。其中，Flash 用来生成矢量动画，Fireworks 用来制作 Web 图像，而 Dreamweaver 用来制作和发布网页。在 2005 年，Macromedia 公司被 Adobe 公司并购后，这几款软件也就成为了 Adobe 家庭的成员。而 Dreamweaver CS3、Photoshop CS3 和 Flash CS3 作为 Adobe 公司经典的常用网页设计软件，被称为"新网页三剑客"。它们具有强大的网页设计、图像处理和动画制作功能，在静态页面设计、图片设计和网站动画设计等方面，都可以使网站设计人员的思想体现得淋漓尽致。

一、熟悉 Dreamweaver CS3 的工作界面

在使用 Dreamweaver CS3 进行网页制作之前，首先要对 Dreamweaver CS3 的工作界面有一个总体认识。该工作界面包括欢迎屏幕（图 1-3-1）、【插入】工具栏、【文档】工具栏、【标准】工具栏、【文件】面板、【属性】面板等。

图 1-3-1 欢迎屏幕

欢迎屏幕中包含 3 个栏目，【打开最近的项目】、【新建】、【从模板创建】，它们与菜单栏中的【文件】→【打开最近的文件】命令及【文件】→【新建】命令的作用是相同的。如果希望在启动时不显示欢迎屏幕，可以勾选页脚中的【不再显示】复选框。

在欢迎屏幕中，选择主体部分中的【新建】→【HTML】选项，将新建一个 HTML 文档。

Dreamweaver CS3 的工作界面如图 1-3-2 所示。

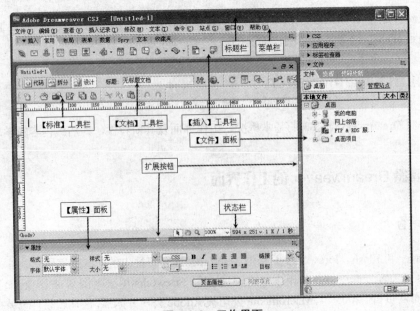

图 1-3-2 工作界面

1. 菜单栏

菜单栏位于 Dreamweaver CS3 标题栏下方，Dreamweaver CS3 将所有的命令依照不同用途分为【文

件】、【编辑】、【查看】、【插入记录】、【修改】、【文本】、【命令】、【站点】、【窗口】、【帮助】10 个菜单，只需打开菜单，依照需要选择命令即可执行对应的功能，如图 1-3-3 所示。

2. 工具栏

1）【插入】工具栏（图 1-3-4）

单击【插入】工具栏左侧的 ▶ 或 ▼ 可进行按钮的显示或隐藏。在默认情况下，【插入】工具栏分为【常用】、【布局】、【表单】、【数据】、【Spry】、【文本】、【收藏夹】7 个子工具栏。其中【常用】工具栏是【插入】工具栏的默认选项。

图 1-3-3　菜单栏

图 1-3-4　【插入】工具栏

2）【文档】工具栏（图 1-3-5）

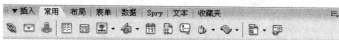

图 1-3-5　【文档】工具栏

通过该工具栏可以在【设计】视图、【拆分】视图和【代码】视图之间进行切换，还可以设置浏览器标题及在浏览器中预览网页。

● 设计视图模式是一种所见即所得的网页设计模式，其效果如所看到的网页一样，此视图将网页的版面、文字与图像内容完全显示出来，使读者直观地布局网页版面编排网页数据。

● 代码视图专门为读者提供了编写、修改、加入和删除代码的网页视图模式，通过此模式可以编辑 HTML 程序代码，也可以加入 JavaScript、ASP 等代码，要求用户必须具有程序语言应用基础。

● 拆分视图模式将编辑窗口拆分成两部分，其中上部分的窗口显示网页代码，而下部分则显示设计视图窗口，可在此模式中同时查看代码和网页效果，并可依照网页效果进行代码编辑操作。

当要改变编辑视图时，只需单击对应按钮，即可转换到目标视图模式下。

单击【文档】工具栏中的 🌐 按钮，在弹出的菜单中选择"预览在 IExplore"命令后即可在 IE 浏览器中浏览当前网页。

3）【标准】工具栏（图 1-3-6）

图 1-3-6　【标准】工具栏

选择【查看】→【工具栏】→【标准】命令来显示或隐藏该工具栏。

【标准】工具栏主要用于管理文件与快速编辑网页，它包含【文件】和【编辑】菜单中一般操作的按钮，例如：【新建】、【打开】、【保存】、【保存全部】、【剪切】、【复制】、【粘贴】、【撤销】、【重做】等按钮。

3. 状态栏（图 1-3-7）

状态栏位于文档窗口下方，它提供了与当前文档相关的一些信息。

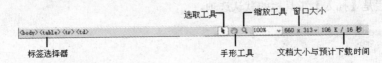

图 1-3-7　状态栏

三、常用功能面板

功能面板绝大多数显示在窗口的右侧，多个面板可以组成一个面板组，常用的功能面板有【插入】面板、【CSS 样式】面板、【文件】面板等，可以通过【窗口】菜单来显示或隐藏。

1. 【文件】面板

图 1-3-8　【文件】面板

【文件】面板（图 1-3-8）包括【文件】、【资源】和【代码片断】3 个面板，在【文件】面板中可以创建文件夹和文件，也可以上传或下载服务器端的文件，可以说，它是站点管理器的缩略图。

2. 【属性】面板

【属性】面板（图 1-3-9）位于文档窗口下方，主要用于查看或编辑所选对象的属性。例如，单击选中网页中的图像时，可以利用【属性】面板设置图像的路径、链接网页等；在表格单元格中单击时，可利用【属性】面板设置单元格中文字的格式，以及单元格的对齐方式和背景图像等。在不选择任何对象的情况下，【属性】面板默认显示为文本属性。

图 1-3-9　【属性】面板

任务实施

调整 Dreamweaver CS3 工作界面。

制作网页的过程中，可根据工作的需要来调整 Dreamweaver CS3 的工作界面，例如改变工作视图，隐藏和展开面板，或在编辑过程显示标尺和辅助线等。

1. 改变工作视图

图1-3-10 所示为单击【代码】按钮后切换到的【代码】视图。在【代码】视图中，左侧的是编码工具栏，编码工具栏提供常用的编码操作，可以快速查找到代码片段。本书中大部分工作是在【设计】视图中完成的，因此，可以单击【设计】按钮，切换到【设计】视图。单击【拆分】按钮后可以将编辑区域切换到【拆分】视图，在该视图中整个编辑区域分为上下两个部分，上方为【代码】视图，下

方为【设计】视图，如图 1-3-11 所示。

图 1-3-10 【代码】视图下的编辑窗口

图 1-3-11 【拆分】视图下的编辑窗口

2. 显示、隐藏和改变面板的大小

Dreamweaver 中有许多面板，例如，【插入】面板、【属性】面板和其他各类面板。显示与隐藏它们的方法如下：

（1）通过窗口菜单命令，可以打开或关闭面板。如图 1-3-12 所示，单击窗口菜单中的命令，命令左侧出现勾选标记时，会打开面板，反之会关闭面板。

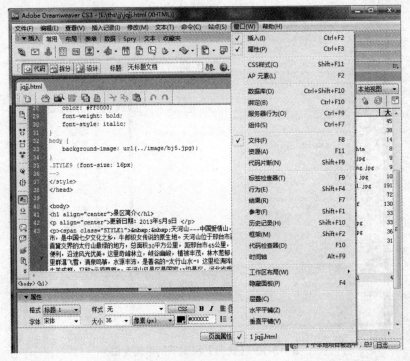

图 1-3-12　通过菜单控制打开或关闭面板

（2）单击面板的标题或标签，可以展开和折叠面板，如图 1-3-13 所示。

（3）如图 1-3-14 所示，单击面板标题栏右侧的 按钮，打开面板菜单，在菜单中选择【关闭面板组】命令，可以关闭当前面板组。

图 1-3-13　展开或折叠【文件】面板

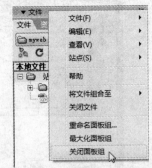

图 1-3-14　通过面板标签关闭面板

（4）要隐藏面板组，可以单击隐藏面板组按钮 或 ，再次单击该按钮，便会显示面板组。如果要隐藏或显示当前所有面板，可以按 F4 键。

（5）改变组合面板大小的方法如下：

将鼠标指针移至面板或面板组的边框位置，鼠标指针变为 双向箭头时，按住鼠标左键并拖动鼠标。

3. 标尺和网格

在制作网页时，经常需要准确定位网页中元素的位置。这时，可以使用标尺和网格功能帮助定位。

1）标尺

显示标尺的方法如下：

选择【查看】→【标尺】→【显示】命令，在显示命令左侧出现选中标记，文档窗口中就会显示出标尺。

为了定位方便，可以改变标尺的坐标原点，具体方法：如图 1-3-15 所示，将鼠标指针指向原点坐标，按住鼠标左键向目标位置拖动鼠标。要恢复坐标原点位置，只需双击原点坐标位置即可。

图 1-3-15　显示了标尺的设计窗口

2）网格

显示网格的方法如下：

如图 1-3-16 所示，选择【查看】→【网格设置】→【显示网格】命令，使显示网格命令左侧出现选中标记，即可在文档窗口中显示网格。

选择【查看】→【网格设置】→【靠齐到网格】命令，可使文档窗口中的内容接近网格时自动与网格对齐。

选择【查看】→【网格设置】→【网格设置】命令，打开如图 1-3-17 所示的网格设置对话框。在该对话框中可设置网格的间隔、颜色等。

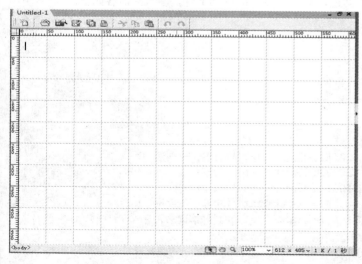

图 1-3-16　显示了网格的设计窗口

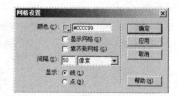

图 1-3-17　【网格设置】对话框

任务小结

本任务介绍了 Dreamweaver CS3 的基本概况及工作界面，本任务的内容属于入门知识，目的在于让读者对 Dreamweaver CS3 有一个基本了解，以便为后续内容的学习打下坚实的基础。

项目综合实训

（1）打开素材"item1\exercise\material"下的"网易.html"，了解该网页的各组成部分并且分析页面的布局和配色。

（2）利用 HTML 语言，制作如图 1-4-1 所示的个人简历网页。

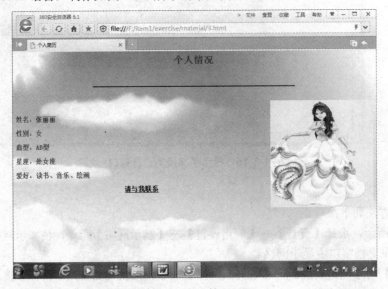

图 1-4-1 个人简历网页

提示： （1）将素材"item1\exercise\material"中的图片素材"bmp"文件夹复制到新建的文件夹中。

（2）在该文件夹下用记事本创建一个扩展名为 html 的文件，输入的内容如下：

```
<head>
<title>个人简历</title>
</head>
<body background="bmp/bj11.jpg">
<p align="center"style="color:0066FF;font-size:24px"><strong>个人情况</p><br />
<hr width="500"color="#0000CC"/>
<p align="center"> <br/>
<img src="bmp/美女.jpg" width="255" height="260" align="right"/><br/>
</p>
<p align="left" style="color:FF00FF;class="txt1">姓名：张丽丽 <br />
<p align="left" style="color:FF00FF;class="txt1">性别：女 <br />
<p align="left" style="color:FF00FF;class="txt1">血型：AB 型 <br />
<p align="left" style="color:FF00FF;class="txt1">星座：处女座 <br />
<p align="left" style="color:FF00FF;class="txt1">爱好：读书、音乐、绘画<br/>
</p>
<p align="center"><a href="mailto:ychzyp1221@sohu.com">请与我联系</a> </p>
</body>
<ml>
```

 **项目小结**

本项目通过对一些优秀网站进行赏析使读者了解网页的布局及配色，利用 HTML 进行简单网页制作了解 HTML 语言的基本用法，通过对 Dreamweaver CS3 工作界面的设置，使读者了解 Dreamweaver CS3 的基本使用方法。

 思考与练习

一、填空题

1．URL 是 Uniform Resource Locator 的缩写，也称统一资源定位器，简称_____。

2．_____就是网站默认的首页，是用户登录到网站后看到的第一个页面。

3．网页的组成元素有网站 Logo、网站的 Banner、_____、_____、_____、Flash 动画、链接、表格、表单。

4．HTML 是 Hypertext Markup Language 的首字母缩写，中文称为"_____"。

5．通过_____工具栏可以在【设计】视图、【拆分】视图和【代码】视图之间进行切换，还可以设置浏览器标题及在浏览器中预览网页。

二、选择题

1．以下（　　）不属于 Dreamweaver CS3 的【文档】视图模式？
   A．【设计】视图　　　　B．【拆分】视图　　C．【代码】视图　　　D．【框架】视图

2．在 Dreamweaver CS3 中，按（　　）键可以打开主浏览器预览网页？
   A．F1　　　　　　　　B．F3　　　　　　　C．Home　　　　　　D．F12

3．在【插入】→【常用】面板中没有插入（　　）的功能。
   A．水平线　　　　　　B．超级链接　　　　C．表格　　　　　　D．图像

4．（　　）是一个站点的象征，也是一个站点是否正规的标志之一。
   A．网站的 Banner　　　B．网站 Logo　　　　C．导航栏　　　　　D．文本

5．Dreamweaver CS3 工作界面中不包括（　　）。
   A．菜单栏　　　　　　B．标题栏　　　　　　C．面板组　　　　　D．地址栏

三、简答题

1．什么是【设计】视图？什么是【代码】视图？

2．简述网页色彩搭配原则。

项目二　创建和管理站点

▌▌ 项目概述

伴随计算机的普及，目前的互联网已经触及社会的各行各业，网站建设也得到飞速发展。本项目主要介绍网站制作的基本过程及相关知识。

▌▌ 项目分析

本项目主要让读者对使用 Dreamweaver CS3 规划和创建站点有一个总体认识，并学会基本操作方法。首先介绍做好一个网站必须经历的基本流程，然后介绍在 Dreamweaver CS3 中创建和管理站点的方法及创建网页、打开现有网页文档及保存网页的方法。

▌▌ 项目目标

- 了解网站制作的一般流程。
- 掌握定义站点的基本方法。
- 掌握设置首选参数的基本方法。
- 掌握编辑、复制和删除站点的基本方法。
- 掌握创建、打开、保存和关闭文档的方法。
- 掌握创建基于 HTML 网页模板的网页的方法。

任务一　创建"天河山旅游"站点

本任务通过对"天河山旅游"站点的规划和创建，读者能够熟悉站点的设计流程及定义站点的方法。

活动 1　规划站点

 知识准备

熟悉网站制作流程，是做好站点规划的基本条件，下面进行简单的介绍。

一、规划与准备阶段

1. 决定主题，确定网站的用途

主题要小而精，题材最好是擅长或者喜爱的内容，要新颖且符合自己的实际能力。

2. 收集资料和素材并整理修改

网页中常用的素材种类有文字、图片、音频、视频和动画等。素材既可以从图书、报纸、素材光盘上得来，也可以从互联网上搜集，还可以自己动手设计素材。网页制作素材的搜集需要平时的积累。大量的素材可以保证在选择的时候不会局限在某一点上，会有更多的选择空间。网站的素材选择要跟网站的主题和风格密切相关。

3．规划网站结构

1）网站栏目的划分

一般来说，网站都有几个主要的栏目，这些栏目是网站的核心内容，体现了网站的核心价值。所以，网站的主要功能和网站的栏目规划有着密不可分的关系。合理的栏目安排，可以使网站的作用更大，效率更高，使浏览网站的用户更方便、直接地浏览到自己所需的内容。

例如，一个中国美食网站栏目结构如图 2-1-1 所示。

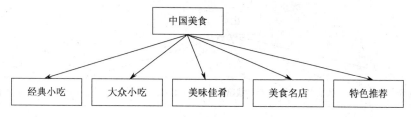

图 2-1-1　美食网站栏目结构

2）网站文件目录结构设计

设计站点的必要前提是规划站点结构。规划站点结构是指利用不同的文件夹将不同的网页内容分门别类保存。合理地组织站点结构，可提高工作效率，加快对站点的设计。在制作站点时通常先在本地磁盘上创建一个文件夹，将所有在制作过程中创建和编辑的网页内容都保存在该文件夹中。在发布站点时，直接将这些文件夹上传到 Web 服务器上即可。如果站点内容较多或站点较大，则还需建立子文件夹以存放不同类型的网页。

注意：不要使用中文目录，不要使用过长的目录名，目录要做到"见名知义"等。

网站目录常规的命名方法如下：

（1）html：主要存放主页与子网页。

（2）file：存放文字资料。

（3）css：存放各 CSS 样式表。

（4）image：存放图片。

（5）others：存放动画、音乐等其他元素。

二、网页设计、制作阶段

网站规划完成后，就进入网页设计与制作阶段，首先要对网站风格有一个整体定位，包括网站Logo、网页标题、网页链接、网页文字、版面设计、网页的配色等。根据此定位分别做出首页、二级栏目页及内容页等，在做好各个页面的内容和效果后，再利用各种超级链接把各页面有机地整合到一起，站点首页名称一般情况下用 index.html 命名。

三、站点的发布、推广和维护阶段

1．发布网站

网站制作完成后，需要对网站的完整性、正确性进行总体测试，测试一般是在本地计算机上模拟服务器进行测试。如果自己有服务器，测试好后，直接发布即可。如果自己没有服务器，则可以从网上租赁空间。发布网页可以直接用 Dreamweaver CS3 中的"发布站点"功能进行上传。在实际应用中，多使用 FTP 进行上传和管理文件。

2．维护和更新

站点上传到服务器后，首先检查运行是否正常，如果有错误要及时更正。另外，每隔一段时间，还应对站点中的内容进行更新，以便提供最新信息、吸引更多的用户。

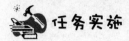**任务实施**

规划"天河山旅游"站点

（1）网站结构规划。本网站制作一个旅游景点宣传类网站，重点是介绍天河山的生态环境、景区景点和相关的旅游服务指南等信息，旅游网站栏目结构图如图 2-1-2 所示。

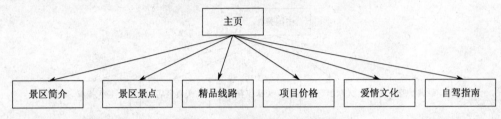

图 2-1-2　旅游网站栏目结构图

（2）网站文件夹规划。建立网站时，当网站结构规划完成之后，在定义站点之前，要对网站文件夹进行规划，以便于管理和维护。因此，要分类建立各个栏目文件夹、图像文件夹、多媒体文件夹等。对于该网站，建立主文件夹为"ths"，子文件夹分别为"image"、"jj"、"jd"、"xl"、"jg"、"wh"、"zn"及"other"，其中"image"文件夹用于存放公共图片、"jj"文件夹用于存放"景区简介"相关资料、"jd"文件夹用于存放"景区景点"相关资料、"xl"用于存放"精品线路"相关资料、"jg"用于存放"项目价格"相关资料、"wh"文件夹用于存放"爱情文化"相关资料、"zn"文件夹用于存放"自驾指南"相关资料、"other"用于存放一些动画、视频等一些其他资料，如图 2-1-3 所示。

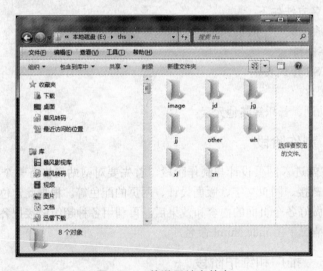

图 2-1-3　旅游网站文件夹

（3）收集有关"天河山"的文字、图片、音频、视频和动画等素材，分别放到相关的文件夹中。

活动 2　创建站点

知识准备

在使用 Dreamweaver 制作网页前，为了便于管理网页文档，减少代码中的路径或者链接错误，需要先创建一个本地站点。

一、创建本地站点

为了减少链接方面的错误，用户在制作网页前最好先定义一个站点，目的是为了更好地利用站点对文件进行有效管理，操作步骤如下：

（1）选择【站点】→【新建站点】命令，打开新建站点的向导对话框，首先是如图 2-1-4 所示的未命名站点 1 的【站点定义】为对话框，在"您打算为您的站点起什么名字？"文本框中输入新建站点的名称"myweb"，输入名称后，对话框的名称也变为【myweb 的站点定义为】对话框。

【站点定义为】对话框有以下两种状态：

①【基本】选项卡：将会按照向导一步一步地进行，直至完成定义工作，适合初学者。

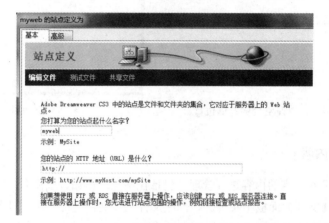

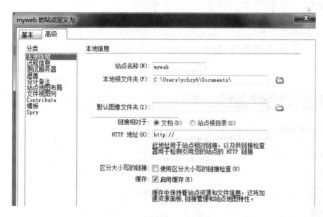

图 2-1-4 【站点定义为】对话框

②【高级】选项卡：可以在不同的步骤或者不同的分类选项中任意跳转，而且可以做更高级的修改和设置，适合在站点维护中使用。

（2）单击【下一步】按钮，进入向导的下一个对话框，询问您是否打算使用服务器技术。如果创建的是静态网站，则选择【否】，如果创建的是动态网站，则选择【是】。在这里选择【否】选项。

（3）单击【下一步】按钮，进入向导的下一个对话框，如图 2-1-5 所示，设置在开发过程中如何使用文件及文件的存储位置，选中【编辑我的计算机上的本地副本，完成后再上传到服务器（推荐）】，并选择网站文件存储在计算机中的位置。

（4）单击【下一步】按钮，在弹出的对话框中"您如何连接到远程服务器"，选择【无】选项，制作完站点后再上传。由于在前面的设置中选择的是在本地进行编辑测试，因此，这里暂不需要使用远程服务器。

（5）单击【下一步】按钮，进入向导的最后一个对话框，如图 2-1-6 所示，提示用户站点已经创建完毕，并显示了创建的站点的一些基本信息，单击【完成】按钮结束站点的创建。

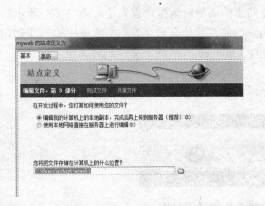

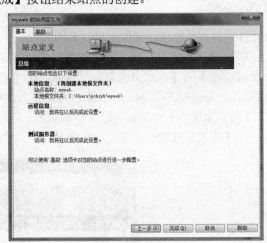

图 2-1-5　选择如何使用文件以及文件的存储位置　　　　　图 2-1-6　站点创建完毕

二、管理站点内容

创建站点后，需要对站点的内容进行管理，包括在站点中添加、重命名、删除文件夹、删除文件等操作，这些均可在【文件】面板中实现。在创建文件夹和文件之前，首先设置"首选参数"来定义使用规则，单击"编辑"菜单中的"首选参数"命令。

1. 设置首选参数

（1）选择【编辑】→【首选参数】命令，弹出【首选参数】对话框，设置【常规】分类对话框参数，如图 2-1-7 所示。

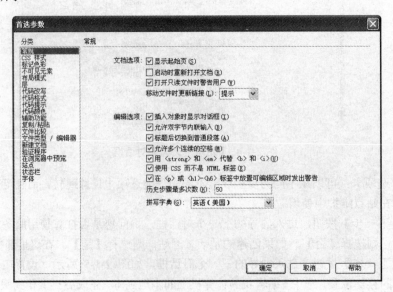

图 2-1-7　【常规】分类对话框

（2）设置【不可见元素】分类对话框参数，如图 2-1-8 所示。

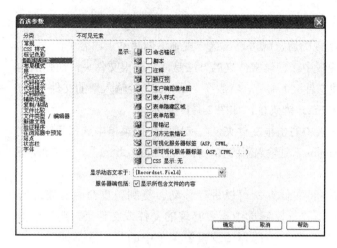

图 2-1-8 【不可见元素】分类对话框参数

（3）设置【复制/粘贴】分类对话框参数，如图 2-1-9 所示。

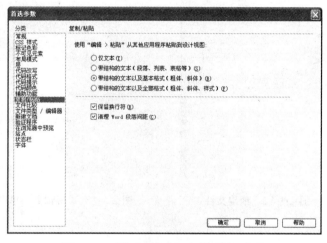

图 2-1-9 【复制/粘贴】分类对话框参数

（4）设置【新建文档】分类对话框参数，如图 2-1-10 所示。

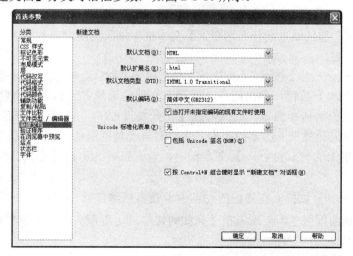

图 2-1-10 【新建文档】分类对话框参数

2. 创建文件夹和文件

在设置了首选参数规则后，就可以在这一规则下创建站点内容了。

（1）在【文件】面板中，创建文件夹的方法是，右击根文件夹，在弹出的快捷菜单中选择【新建文件夹】命令，然后在"untitled"处输入新的文件夹名，如"images"，然后按 Enter 键确认，如图 2-1-11 所示。

（2）在【文件】面板中右击根文件夹，在弹出的快捷菜单中选择【新建文件】命令，在"untitled.html"处输入新的文件名，如"index.html"，按 Enter 键确认，如图 2-1-12 所示。

（3）对创建的文件和文件夹，可以进行移动、复制、重命名和删除等基本操作。方法是，单击鼠标左键选中需要管理的文件或文件夹，然后单击鼠标右键，在弹出的快捷菜单中选择【编辑】菜单中的相应选项即可，如图 2-1-13 所示。

图 2-1-11　创建文件夹

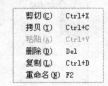

图 2-1-12　创建文件　　　　图 2-1-13　【编辑】菜单中的命令

任务实施

创建"天河山旅游"站点。

（1）打开 Dreamweaver CS3，选择【站点】→【新建站点】菜单命令，打开【站点定义为】对话框，然后在【您打算为您的站点起什么名字？】文本框中输入为网站起的名字"天河山旅游"，如图 2-1-14 所示。

（2）完成后单击【下一步】按钮，在弹出的对话框中选择默认选项"否，我不想使用服务器技术"。

（3）单击【下一步】按钮，弹出用户选择网页文件的选择方式和存放位置对话框，因为是在本地硬盘上进行网站的制作和测试，因此，在【在开发过程中，您打算如何使用您的文件？】选项中，选择【编辑我的计算机上的本地副本，完成后再上传到服务器（推荐）（E）】；在【您将把文件存储在计算机上的什么位置？】文本框中，设置路径为上面建立的文件夹"E:\ths\"，如图 2-1-15 所示。

（4）单击【下一步】按钮，在弹出的对话框中设置网络连接设置。由于是在本地硬盘上制作网站，不需要连接到远程服务器，所以在【您如何连接到远程服务器？】下拉列表框中选择【无】选项。

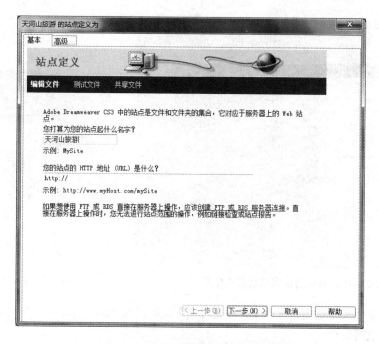

图 2-1-14　【定义站点为】对话框

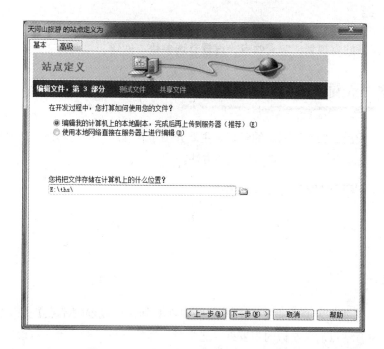

图 2-1-15　选择文件方式及站点存放位置

（5）单击【下一步】按钮，弹出如图 2-1-16 所示窗口，显示上述步骤设置的站点信息，单击【完成】按钮，即完成本地站点的创建。

（6）在 Dreamweaver 窗口右侧【文件】面板中，可以看到刚创建好的"天河山旅游"站点名及其文件夹列表，如图 2-1-17 所示。

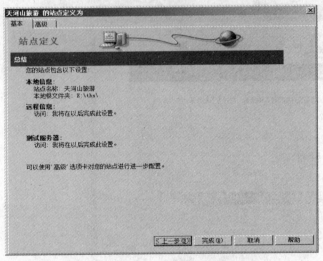

图 2-1-16　站点创建完成后站点信息　　　　图 2-1-17　创建的新站点

（7）在【文件】面板下右击，选择【新建文件夹】，命名为"txt"。在站点下增加一个 txt 文件夹，用来存放一些文本文件。

 任务小结

本任务主要介绍了站点规划、定义站点、设置首选参数、创建文件夹和文件的方法。

任务二　管理"天河山旅游"站点

本任务通过对"天河山旅游"网站的管理，主要介绍了管理站点的基本知识，包括复制和编辑站点的方法、导入和导出站点的方法、删除站点的方法。

活动　修改、管理已经定义好的站点

 知识准备

一、管理站点

选择【站点】→【管理站点】命令，打开如图 2-2-1 所示的【管理站点】对话框，其中列出了 Dreamweaver 中的所有站点，在左边的列表框中选中要管理的站点，然后单击右边的【编辑】、【复制】、【删除】等按钮执行相应的操作，在这个对话框中也同样可以进入新建站点的向导。

1. 编辑站点

编辑站点是指对 Dreamweaver 中已经存在的站点，重新进行相关参数的设置。选择【站点】→【管理站点】命令，打开【管理站点】对话框，单击【编辑】按钮，在弹出的对话框中，按照向导提示一步一步地进行修改即可，这与创建站点的过程是一样的，也可以直接使用高级选项进行修改。

2. 复制站点

如果新建站点和已经存在的站点有许多参数设置是相同的，可以通过"复制站点"的方法进行复制，然后再进行编辑。如图 2-2-2 所示，在【管理站点】对话框的站点列表中选中要复制的站点，然后单击【复制】按钮，复制一个站点，然后根据需要对该站进行编辑即可。

图 2-2-1　【管理站点】对话框

图 2-2-2　复制站点

3. 删除站点

有些站点已经不再需要，可以在 Dreamweaver 中删除，删除站点仅删除了定义的站点信息，存在磁盘上的相对应的文件夹及其中的文件仍然存在。方法是，在【管理站点】对话框中选中要删除的站点，然后单击【删除】按钮，出现如图 2-2-3 所示的删除站点提示对话框，单击【是】按钮，即可删除选中的站点。

4. 导出站点

如果重新安装操作系统，Dreamweaver CS3 站点中的信息就会丢失，这时可以采取导出站点的方法将站点信息导出。方法是，在【管理站点】对话框中选中要导出的站点，然后单击【导出】按钮，弹出如图 2-2-4 所示的【导出站点】对话框，设置导出站点信息文件的路径和文件名称，最后保存即可。导出的站点信息文件的扩展名为 ".ste"。

图 2-2-3　删除站点提示对话框

图 2-2-4　【导出站点】对话框

5. 导入站点

在【管理站点】对话框中单击【导入】按钮，打开如图 2-2-5 所示的【导入站点】对话框，选中要导入的站点信息文件，单击【打开】按钮即可导入站点信息。

图 2-2-5 【导入站点】对话框

任务实施

一、复制并编辑站点

（1）在 E 盘根目录下创建 ths1 文件夹，在【管理站点】对话框中选中站点"天河山旅游"，单击【复制】按钮，复制一个站点，如图 2-2-6 所示。

（2）保证站点"天河山旅游 复制"处于被选中状态，然后单击"编辑"按钮，打开【天河山的站点定义为】对话框。

（3）切换到【高级】选项卡，将【站点名称】选项修改为"天河山"，【本地根文件夹】选项修改为"E:\ths1\"，如图 2-2-7 所示。

图 2-2-6 复制站点

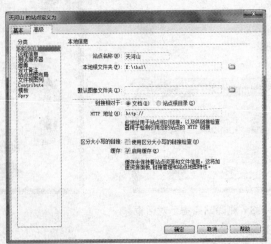

图 2-2-7 修改站点本地信息

（4）其他参数设置不变，最后单击【确定】按钮返回【管理站点】对话框。

二、导出站点

在【管理站点】对话框中选中站点"天河山"，单击【导出】按钮，打开【导出站点】对话框，设置导出站点文件的路径和文件名称，如图 2-2-8 所示。单击【保存】按钮将保存导出的站点文件。

三、删除站点

在【管理站点】对话框中选中站点"天河山"，然后单击【删除】按钮，这时将弹出提示对话框，单击【是】按钮将删除该站点，如图 2-2-9 所示。

图 2-2-8　导出站点

图 2-2-9　删除站点

四、导入站点

在【管理站点】对话框中单击【导入】按钮，打开【导入站点】对话框，选中要导入的站点文件，单击【打开】按钮即可导入站点，如图 2-2-10 所示，最后单击【完成】按钮，关闭【管理站点】对话框。

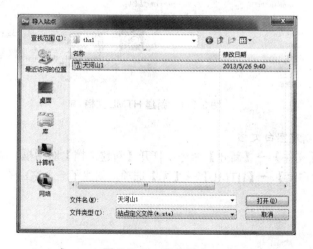

图 2-2-10　导入站点

 任务小结

通过对本任务的学习，读者能够熟练掌握在 Dreamweaver CS3 中管理站点的基本方法。

任务三 制作网页

本任务主要介绍了创建、打开、保存和关闭文档的最基本操作方法。

活动 1 创建并保存空白文档

 知识准备

一、创建文档

1. 通过【文件】面板创建文档

（1）在【文件】面板中右击根文件夹，在弹出的快捷菜单中选择【新建文件】命令。

（2）单击【文件】面板组标题栏右侧的 ≡ 按钮，在弹出的快捷菜单中选择【文件】→【新建文件】命令。

2. 通过欢迎屏幕创建文档

在欢迎屏幕的【新建】或【从模板创建】列表中选择相应命令即可创建相应类型的文件，如选择【新建】→【HTML】命令，如图 2-3-1 所示，即可创建一个 HTML 文档。

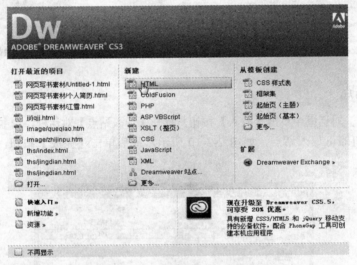

图 2-3-1 新建 HTML 文档

3. 通过菜单命令创建空白文档

从菜单栏中选择【文件】→【新建】命令，打开【新建文档】对话框，根据需要选择相应的选项创建文件，如选择【空白页】→【HTML】→【无】选项，创建了一个空白的 HTML 文档，如图 2-3-2 所示。

二、打开文档

1. 编辑以前创建的文档内容需要先打开该文档

（1）选择【文件】→【打开】命令，然后在弹出的【打开】对话框中选择需要打开的文档。

（2）从欢迎屏幕的【打开最近的项目】列表中选择最近打开的文档。

（3）在【文件】面板的本地列表中，双击需要打开的文档，也可在右键菜单中选择【打开】命令。

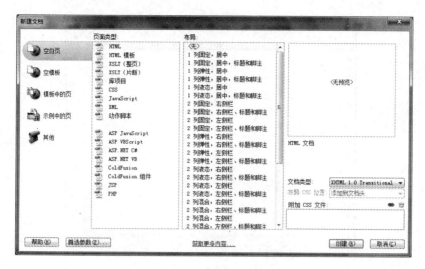

图 2-3-2 【新建文档】对话框

三、保存文档

在编辑文档的过程中要养成随时保存文档的习惯，以免出现意外造成文档内容的丢失。选择菜单栏中的【文件】→【保存】命令，或是按下 Ctrl+S 快捷键保存。如果文档尚未被保存过，则会出现【另存为】对话框，如图 2-3-3 所示。

图 2-3-3 命名并保存文档

任务实施

创建空白文档并保存。

（1）从菜单栏中选择【站点】→【管理站点】命令，选择"天河山旅游"站点，单击【完成】按钮。

（2）从菜单栏中选择【文件】→【新建】命令，打开【新建文档】对话框，选择【空白页】→【HTML】→【无】选项，单击【创建】按钮创建了一个空白的 HTML 文档，如图 2-3-4 所示。

（3）选择菜单栏中的【文件】→【保存】命令，打开【另存为】对话框，如图 2-3-5 所示，保存在"jj"文件夹下，在文件名中输入"jqjj"，单击【保存】按钮。

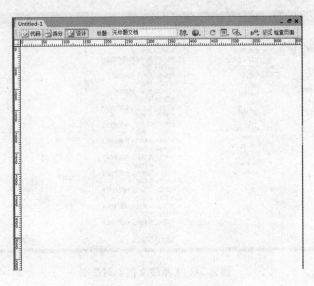

图 2-3-4　空白网页文件

图 2-3-5　【另存为】对话框

活动 2　创建基于 HTML 模板的网页

 知识准备

一、创建基于 HTML 模板的网页

利用模板，可以批量创建具有相同页面布局的文档。在后面的章节中将具体介绍模板的功能及使用，这里只简单介绍如何基于 Dreamweaver 默认模板来创建包含预设计 CSS 布局的页面。

（1）选择【文件】→【新建】命令，如图 2-3-6 所示。在打开的【新建文档】对话框选项中选择【空白页】，在【页面类型】选项中选择【HTML 模板】，在【布局】选项中选择【列固定，居中，标题和脚注】，单击【创建】按钮。

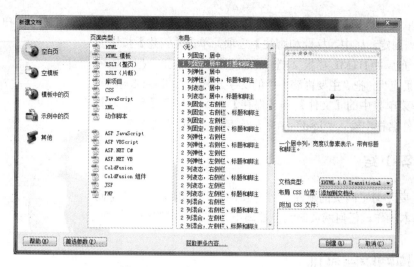

图 2-3-6　【新建文档】对话框

预设计的 CSS 布局提供了下列类型的列。

① 固定：以像素指定列宽，列的大小不会根据浏览器窗口的大小或站点访问者的文本设置而变化。

② 弹性：以相对于文本大小的度量单位指定列宽。如果访问者更改了文本设置，该设计将会进行调整，但不会基于浏览器窗口的大小来更改列宽度。

③ 液态：以站点访问者的浏览器宽度的百分比形式指定的。如果站点访问者将浏览器窗口变宽或变窄，该设计将会进行调整，但不会基于站点访问者的文本设置而更改列宽度。

④ 混合：用上述三个选项的任意组合来指定列类型。

（2）创建的基于 HTML 模板的文档如图 2-3-7 所示。

图 2-3-7　创建的文档

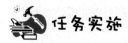 **任务实施**

创建基于 HTML 模板的文档

（1）打开"天河山旅游"站点。

（2）从菜单栏中选择【文件】→【新建】命令，打开【新建文档】对话框，选择【空白页】→【HTML模板】→【1列固定，居中，标题和脚注】选项，单击【创建】按钮创建了一个 CSS 布局的 HTML 模板文档。在创建好的文档里，把标题内容改为"景区景点"，把"主要内容"中的文字删除，如图 2-3-8 所示。

（3）选择菜单栏中的【文件】→【保存】命令，打开【另存为】对话框，在文件名框中输入"jqjd"名字，保存在"jd"文件夹下。

图 2-3-8 "景区景点"网页

 任务小结

本任务主要学习了网页的新建、打开及保存等基本操作。这是网站建立的最基本操作，任何网页的制作都离不开这些基本的操作。

 项目综合实训

创建一个美食网站，根据主题进行栏目规划和站点结构规划，然后在 Dreamweaver 中定义站点，并创建相应的文件夹和文件。

提示：（1）根据主题进行内容分类和栏目规划。
（2）明确站点结构和相应的文件夹名称。
（3）根据需要创建相应的文件夹，收集素材放在相应的文件夹中。
（4）定义站点，选择"不使用服务器技术"。
（5）创建基本的网页文件存放到相应的文件夹中。

 项目小结

本项目主要介绍如何规划自己的站点结构，创建和管理站点的基本知识，网页的新建、保存及打开等基本操作。通过本项目的学习，读者能够熟练掌握在 Dreamweaver CS3 中创建、管理站点的基本方法和网页的建立、保存。

 思考与练习

一、填空题

1. 在使用 Dreamweaver 制作网页前，为了便于管理网页文档，减少代码中的路径或者链接错误，需要先创建一个_____站点。

2. 站点首页名称在一般情况下要用_____命名。

3.【站点定义为】对话框有两种状态：【基本】和_____选项卡，这两种方式都可以完成站点的定义工作。

4. 在 Dreamweaver 中，可以设置_____来定义 Dreamweaver 的使用规则。

5._____是指利用不同的文件夹将不同的网页内容分门别类保存，合理地组织站点结构，可提高工作效率，加快对站点的设计。

二、选择题

1. 以下（　　）不能在【首选参数】对话框中进行设置？
   A.【常规】　　　　B.【不可见元素】　　　　C.【跟踪图像】　　　　D.【复制/粘贴】

2. 【文件】面板组中有 3 个选项卡，其中（　　）就是站点管理器的缩略图。
   A. 行为　　　　　B. 文件　　　　　　　C. 资源　　　　　　　D. 代码片断

3. 以下（　　）不是【管理站点】对话框中的功能？
   A.【导入】　　　B.【编辑】　　　　　C.【删除】　　　　　D.【剪切】

三、简答题

网站的制作流程是什么？

项目三 添加网页内容

▎ 项目概述

一个网站是由许多网页组成的，网页中的各项元素决定了网页的多样性。文本是网页中最基本的元素和信息载体、是网页存在的基础。对网页文档格式进行合理的设置，可使网页内容充实，页面更加美观；网页中的图像，不仅可以为网页增色添彩，还能更好地配合文本传递信息；超级链接将许多不同的网页通过文字、图片等元素联系起来，用户只需轻点鼠标便可访问链接的网页。本项目通过制作"天河山旅游"站点中的网页，读者能够熟练掌握基本网页的创建方法。

▎ 项目分析

网页中包含的网页元素有许多类型，本项目主要讲述文本、图像及超级链接。由于是刚开始学习网页制作，对网页布局的方法和技术还没有掌握，因此，本项目将网页的基本框架布局已经做好，读者只需在这些网页中导入文本进行格式设置，插入图像进行属性设置，插入各种超级链接来完善网页即可。

▎ 项目目标

- 掌握页面属性、字体、字号和颜色的设置方法。
- 掌握换行、段落格式、文本样式、对齐方式的设置方法。
- 掌握列表的使用方法。
- 掌握插入水平线和日期的方法。
- 了解网页中常用图像的基本格式。
- 掌握在网页中插入背景图像、图像占位符、图像和设置图像属性的方法。
- 掌握设置鼠标经过图像和导航条的方法。
- 掌握设置文本链接、图像链接、邮件链接、锚记链接、空链接和脚本链接的方法。

任务一 制作"天河山旅游"网站的文本

本任务详细介绍在网页制作过程中，文本的添加、属性的设置、段落的排版，以及插入特殊符号、日期和水平线等内容。主要目的是让读者掌握在网页中编排文本的基本方法。

活动 1 为网页添加文字和特殊字符

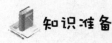
知识准备

一、添加文本

在 Dreamweaver CS3 中输入文本是非常简单的，其输入方式与其他文本处理软件中的文本输入方式十分类似。

1. 直接输入文本

对于要添加到页面中的少量文本，可以先将光标定位在需要插入文本的地方，再通过键盘直接输入即可。

注意：在输入文字时，按 Enter 键，文字则另起一段。按 Shift+Enter 键，文字则另起一行。

2. 复制并粘贴文本

对于页面中文字内容较多的段落文本，可以先从其他应用程序中复制文本，然后切换到 Dreamweaver 中，将光标定位在【文档】窗口的【设计】视图中，在菜单栏选择【编辑】→【粘贴】命令，即可将文本粘贴到 Dreamweaver 中。

3. 从 Word 导入文本

对于一篇在 Word 中排好版的文章，可以使用 Dreamweaver 中的【文件】→【导入】→【Word 文档】命令，将其一次性导入。

二、插入特殊字符

1. Dreamweaver CS3

提供了各种特殊字符的插入功能，可以插入欧元符号、版权和商标等不能从键盘上直接输入的字符。

将光标定位在要插入特殊字符的位置，在菜单栏中选择【插入】→【HTML】→【特殊字符】命令，在其子菜单中选择一个特殊字符的名称，或者通过单击【插入】面板的【文本】类别中的【字符】按钮，从其下拉菜单中选择一个特殊字符的名称即可。

2. 在字符之间添加空格

HTML 只允许字符之间有一个空格，若要在文档中添加连续多个空格，必须插入不换行空格，方法如下：

（1）选择【插入】→【HTML】→【特殊字符】→【不换行空格】命令。

（2）按 Ctrl+Shift+空格键。

（3）在【插入】面板的【文本】类别中，单击【字符】按钮并选择【不换行空格】图标。

（4）设置添加不换行空格的首选参数：

① 选择【编辑】→【首选参数】命令。

② 在【常规】类别中确保选中【允许多个连续的空格】。

3. 插入换行符

在文档窗口中，每按一次 Enter 键就会生成一个段落，按 Enter 键的操作通常称为"硬回车"，使用硬回车划分段落后，段落与段落之间会产生一个空行间距。如果希望文本换行后不产生空行间距，可以插入换行符。方法如下：

（1）选择【插入】→【HTML】→【特殊字符】→【换行符】命令。

（2）按 Shift+Enter 组合键。

注意：使用换行符可以使文本换行，但这不等于重新开始一个段落，只有按 Enter 键才重新开始一个段落。

三、编辑文本

对于插入的文本，可以进行适当的编辑，使枯燥的文本更显生动。编辑文本的操作主要指设置文本的基本格式，例如，文本字体、字体颜色、对齐方式等。

1. 设置文本格式

设置文本格式，可以使文本更具条理、主次分明。可以在文本的【属性】面板中进行相应的设置，完成文本格式的设置。

1）字体格式的设置

在【属性】面板的【字体】列表中，默认的字体格式有限，如果想在网页中添加其他的字体，可以通过展开【字体】列表，选择列表项中的【编辑字体列表】，如图 3-1-1 所示。

在弹出的【编辑字体列表】对话框中，如图 3-1-2 所示，从可用字体列表中选择要添加的字体，再单击 << 按钮，将该字体加入。

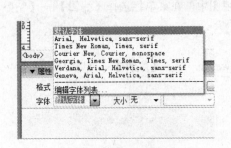

图 3-1-1　编辑字体列表

图 3-1-2　编辑字体列表

2）文本颜色的设置

选择要更改颜色的文本，然后执行下列操作之一：

（1）单击【属性】面板上的【颜色】按钮，打开调色面板，在要选择的颜色上单击。

（2）选择【文本】→【颜色】命令，从系统颜色选择器中选择颜色，然后单击【确定】按钮。

3）设置字体样式

在 Dreamweaver CS3 中可以为字体设置加粗、倾斜、添加下划线等多种字体样式。

（1）选择要设置的文本。

（2）选择属性检查器中的【粗体】或【斜体】，或者从【文本】→【样式】子菜单中选择字体样式为粗体、斜体、下划线等。

四、查找和替换文本

在建立 Web 站点的过程中，有时会需要简单地修改某些文本内容。Dreamweaver CS3 提供的【查找和替换】命令可以在文档中搜索文本、HTML 标签和属性，同时还可以对查找到的内容进行替换。

要使用查找和替换功能，可以选择【编辑】→【查找和替换】命令，打开【查找和替换】对话框，如图 3-1-3 所示。

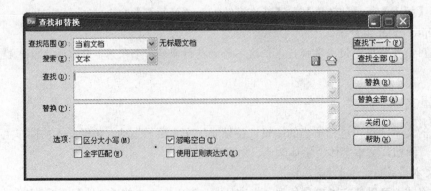

图 3-1-3　【查找和替换】对话框

五、设置【页面属性】

对于在 Dreamweaver 中创建的每个页面，都可以使用【页面属性】对话框指定页面的默认字体和字体大小、背景颜色、边距、链接样式及页面设计等。可以为创建的每个页面指定新的页面属性，也可以修改现有页面的属性，如图 3-1-4 所示。

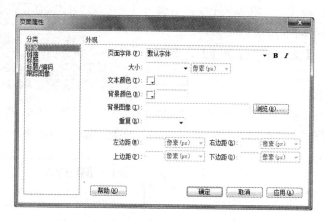

图 3-1-4 【页面属性】对话框

（1）选择【修改】→【页面属性】命令，或单击文本的属性检查器中的【页面属性】按钮。

（2）选择【外观】分类并设置各个选项。

① 页面字体。指定在 Web 页面中使用的默认字体。

② 大小。指定在 Web 页面中使用的默认字体大小。

③ 文本颜色。指定显示字体时使用的默认颜色。

④ 背景颜色。设置页面的背景颜色。

⑤ 背景图像。设置背景图像。

⑥ 重复。指定背景图像在页面上的显示方式：

- 选择"不重复"选项将仅显示背景图像一次。
- 选择"重复"选项横向和纵向重复或平铺图像。
- 选择"横向重复"选项可横向平铺图像。
- 选择"纵向重复"选项可纵向平铺图像。

⑦ 左边距和右边距。指定页面左边距和右边距的大小。

⑧ 上边距和下边距。指定页面上边距和下边距的大小。

任务实施

设置"jqjj.html"网页中的文档格式。

（1）把素材文件夹"item3\task1\material\image"下的所有内容复制到"天河山旅游"站点根目录下的"image"文件夹中。打开"天河山旅游"站点"jj"文件夹下的"jqjj.html"网页，输入"景区简介"四个文字，并按下回车键将光标移到下一行。

（2）添加文档内容。

① 打开素材文件夹"item3\task1\material\txt"下的"天河山内容 1.doc，选择【编辑】→【全选】命令，将所有文本全部选中。

② 返回 Dreamweaver 软件，选择【编辑】→【粘贴】命令，将文本粘贴到"jqjj.html"网页文档

中。在菜单栏中选择【文件】→【导入】→【导入 Word 文档】对话框，在“查找范围”中选择素材文件夹“item3\task1\material\txt”中的“天河山内容.doc”文件，在“格式化”下拉列表中选择“文本、结构、全部格式（粗体、斜体、样式）”将 Word 文档内容导入到网页文档中，如图 3-1-5 所示。

③ 在菜单栏中选择【文件】→【保存】命令保存文件。

（3）设置文档标题格式。

① 将光标置于文档标题“景区简介”所在行，然后在【属性】面板的【格式】下拉列表中选择“标题 1”分类，如图 3-1-6 所示。

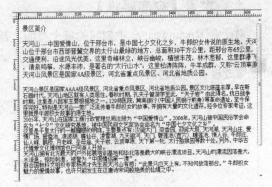

景区简介

图 3-1-5 导入的文档

属性
格式 标题 1
样式 无
字体 默认字体
大小 无
景区简介
天河山---中国爱情山，位于邢台市，
于邢台市西部晋冀交界的太行山最绿

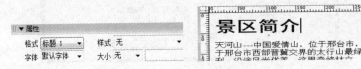

图 3-1-6 设置标题格式

② 在【属性】面板中单击 页面属性... 按钮，打开【页面属性】对话框，然后在【分类】表中选择【标题】分类，重新定义标题字体和“标题 1”的大小和颜色，如图 3-1-7 所示。

③ 单击【确定】按钮关闭对话框，然后在【属性】面板中单击【居中对齐】按钮使标题居中显示，如图 3-1-8 所示。

页面属性
分类
外观
链接
标题
标题/编码
跟踪图像
标题
标题字体(F): 黑体
B I
标题 1(1): 36 像素(px) #0000CC
标题 2(2): 像素(px)
标题 3(3): 像素(px)
标题 4(4): 像素(px)
标题 5(5): 像素(px)
标题 6(6): 像素(px)
帮助(H)
确定
取消
应用(A)

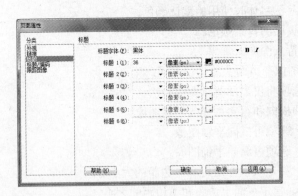

图 3-1-7 重新定义“标题 1”的字体、大小和颜色

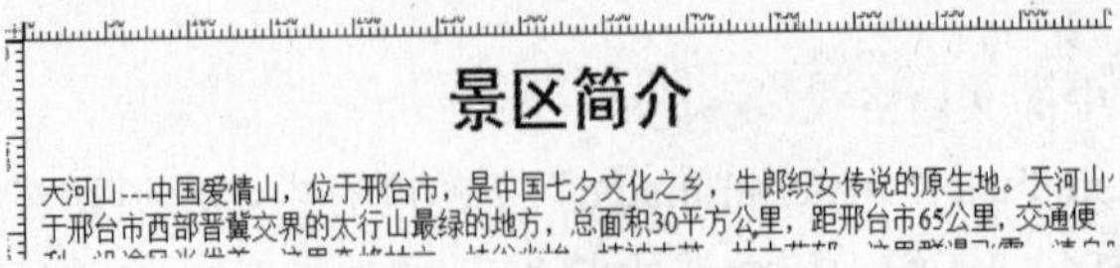

景区简介
天河山---中国爱情山，位于邢台市，是中国七夕文化之乡，牛郎织女传说的原生地。天河山
于邢台市西部晋冀交界的太行山最绿的地方，总面积30平方公里，距邢台市65公里，交通便

图 3-1-8 设置标题的效果

（4）设置正文格式。

① 在【属性】面板中单击 页面属性... 按钮，打开【页面属性】对话框，在【外观】分类中定义页面文本的字体为宋体、大小为 14、颜色为#FF00FF，如图 3-1-9 所示。

② 单击【确定】按钮，关闭对话框，这时文本的格式发生了变化，如图 3-1-10 所示。

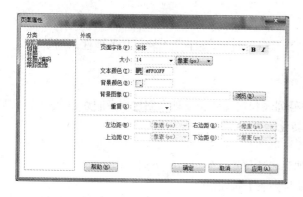

图 3-1-9　定义正文文本的字体、大小和颜色

图 3-1-10　设置正文后的效果

（5）将光标置于第一段的开头，按 Ctrl+Shift+空格键，空出两个汉字的位置。

（6）选择文本"天河山——中国爱情山……河北省地质公园"，在【属性】面板的【字体】下拉列表中选择【黑体】选项，在【大小】下拉列表中选择【16 像素】选项，在【颜色】文本框中输入"#FF0000"，然后单击【粗体】和【斜体】按钮。

（7）为网页加上图片背景，在【属性】面板中单击　　　页面属性　　　　按钮，打开【页面属性】对话框，如图 3-1-11 所示。在【外观】分类中，单击【背景图像】后的【浏览】按钮，选择 "image" 文件夹中的 "bj5.jpg" 图片，在【重复】中选择【不重复】选项。

（8）设置好格式的网页如图 3-1-12 所示。

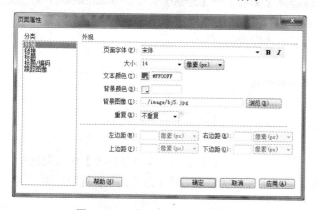

图 3-1-11　【页面属性】对话框

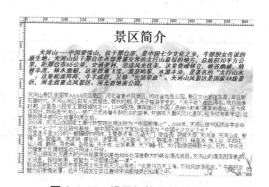

图 3-1-12　设置好格式的网页

活动 2　为网页添加列表、日期、水平线

 知识准备

一、缩进文本

在文档排版过程中，有时会遇到需要使某段文本整体向内缩进或向外凸出的情况。

将插入点放在要缩进的段落中。

单击【属性】面板中的【缩进】或【凸出】按钮，或选择【文本】→【缩进】或【凸出】命令。

二、添加列表

在制作网页时，通常使用列表分级显示文本内容，这样做使得整个文本块更具条理性，侧重点一目了然。

1. 创建列表

Dreamweaver 中的列表主要分为项目列表、编号列表和定义列表三种，创建列表的途径有两种：一种是直接创建列表；另一种是将现有文本或段落转化为列表。

（1）创建新列表。

在 Dreamweaver 文档中，将插入点放在要添加列表的位置，然后执行下列操作之一：

① 单击【属性】面板中的【项目列表】或【编号列表】按钮。

② 选择【文本】→【列表】命令，然后选择所需的列表类型：【项目列表】、【编号列表】 或【定义列表】。指定列表项目的前导字符显示在【文档】窗口中。

（2）键入列表项目文本，然后按 Enter 键，即可在下一行创建同样的项目符号。

（3）若要完成列表，请按两次 Enter 键或选择【文本】→【列表】→【无】命令。

2. 使用现有文本创建列表

（1）选择一系列要组成列表的段落。

（2）单击【属性】面板中的【项目列表】或【编号列表】按钮，或选择【文本】→【列表】命令，然后选择所需的列表类型：【项目列表】、【编号列表】或【定义列表】。

3. 创建嵌套列表

（1）选择要嵌套的列表项目。

（2）单击【属性】面板中的【缩进】按钮，或选择【文本】→【缩进】命令。Dreamweaver 缩进文本并创建一个单独的列表，该列表具有原始列表的 HTML 属性。

（3）按照上述方法对缩进的文本应用新的列表类型或样式。

4. 设置列表属性

通过更改列表的属性，可以改变列表的类型及外观样式。

（1）在【文档】窗口中，至少创建一个列表项目。

（2）将插入点放到列表项目的文本中，然后选择【文本】→【列表】→【属性】命令打开【列表属性】对话框，当在【列表类型】下拉列表中选择【项目列表】选项时，对应的【样式】下拉列表中的选项有【默认】、【项目符号】、【正方形】；当在【列表类型】中选择【编号列表】时，对应的【样式】下拉列表选项发生变化，【开始计数】选项也处于可用状态，通过【开始计数】选项，可以设置编号列表的起始编号，如图 3-1-13 所示。

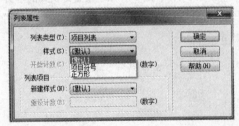

图 3-1-13 【列表属性】对话框

三、插入水平线和日期

水平线对于信息的组织很有用，在页面中，可以使用一条或多条水平线来可视化分隔文本和对象，使段落更加分明和更具层次感。在 Dreamweaver CS3 中，可以插入日期对象，还能以多种格式插入当前的日期（可以包括时间），并且在每次保存文件时都会自动更新该日期。

1. 插入日期

将光标定位在需要插入日期的地方，选择【插入记录】→【日期】命令或单击【插入】面板【常用】类别中的【日期】按钮，打开【插入日期】对话框，在此对话框中的【日期格式】列表内，选择需要的日期格式。如果希望在每次保存文档时都更新插入的日期，则需要勾选【储存时自动更新】复选框。

2. 插入水平线

将光标定位在需要插入水平线的地方，选择【插入记录】→【HTML】→【水平线】命令，即可插入一条水平线。

选中该水平线，在【属性】面板中可以对水平线进行相关设置。

（1）水平线：该文本框用于设置水平线的名称。

（2）宽和高：以像素为单位或以页面大小百分比的形式指定水平线的宽度和高度。

（3）对齐：用于设置水平线的对齐方式，包括默认、左对齐、居中对齐和右对齐。

（4）阴影：用于设置绘制水平线时是否带阴影，取消选择此选项将使用纯色绘制水平线。

（5）类：可以将 CSS 规则应用到该对象上。

任务实施

对"jqjj.html"网页进行格式设置。

（1）打开"天河山旅游"站点"jj"文件夹中的"jqjj.html"网页。

（2）段落缩进。

① 把光标定位到"天河山景区是国家 AAAA 级风景区……"这一自然段。

② 单击【属性】面板中的【缩进】按钮，效果如图 3-1-14 所示。

（3）创建项目符号。

① 选择从"2005 年……"至结束的自然段。

② 选择【文本】→【列表】→【项目列表】命令，使文本按照项目列表方式排列，如图 3-1-15 所示。

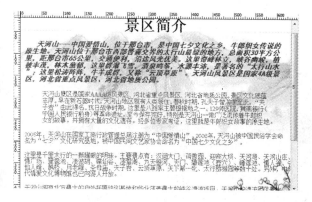

图 3-1-14 【缩进】效果

图 3-1-15 创建项目符号

（4）插入水平线。

① 将光标定位在文件末尾，选择【插入记录】→【HTML】→【水平线】命令，插入水平线。

② 保持水平线选中状态，在【属性】面板中设置水平线宽度为 90%，取消阴影选项，并设置对齐

方式为"居中对齐"，如图 3-1-16 所示。

图 3-1-16　水平线【属性】

③ 保持水平线选中状态，右击，在弹出的快捷菜单中选择【编辑标签】命令，打开【标签编辑器】对话框，如图 3-1-17 所示。

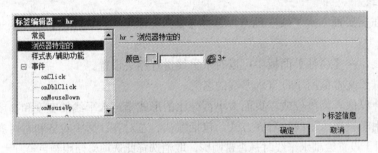

图 3-1-17　设置水平线颜色

④ 在打开的【标签编辑器】对话框中，选取左侧的【浏览器特定的】选项，在右侧将水平线的颜色设置为浅蓝色#0066FF，保存网页，预览网页效果如图 3-1-18 所示。

注意：水平线颜色必须在预览状态下才能显示。

（5）在网页中插入日期。

① 在第一自然段之前插入一个空行，把光标定位到空行输入"更新日期："文字并单击【属性】面板中的【居中】按钮。

② 将光标定位在"更新日期："后，选择【插入记录】→【日期】命令，在【插入日期】对话框中选择日期格式为第二种，勾选【储存时自动更新】复选框，单击【确定】按钮，效果如图 3-1-19 所示。

图 3-1-18　预览效果

图 3-1-19　插入日期后的效果

（6）插入"版权"特殊字符。

① 把光标定位到水平线的下一行。

② 输入文字"天河山旅游景区©版权所有"，中间的版权符号可单击【插入】栏中【文本】选项卡的【字符】按钮，弹出如图 3-1-20 所示的下拉菜单，选择【版权】选项，输入版本号后的效果图如图 3-1-21 所示。

天河山旅游景区©版权所有|

图 3-1-20 选择 "版权" 选项　　　图 3-1-21 输入版权符号后的效果图

 任务小结

通过本任务的学习，读者能够熟练掌握键入普通文本、导入文本、插入特殊字符、水平线和日期的方法；了解项目列表和编号列表，并能更改列表属性。熟练运用对文本属性和段落属性的设置，可以使网页更加丰富、翔实、美观。

任务二　为 "天河山旅游" 网站的相关网页插入图像

本任务以向 "天河山旅游" 网站的主页中插入各种图像为例，介绍有关图像的基本知识及其在网页中的应用。通过本项目的学习，读者学会在网页中应用和处理图像的基本技能和方法。

活动1　在网页中插入图像并设置图像属性

 知识准备

一、关于图像

网页中通常使用的图形文件格式有 3 种，即 GIF、JPEG 和 PNG。GIF 和 JPEG 文件格式的支持情况最好，大多数浏览器都可以查看它们。由于 PNG 文件具有较大的灵活性并且文件较小，在显示速度上比 GIF 和 JPEG 更快一些，但是 PNG 格式图像没有普及到所有的浏览器，但在未来它有可能是一种非常受欢迎的图像格式。

1. GIF 图像格式

GIF 图像格式文件具有图像文件小、下载速度快、可以在网页中以透明方式显示，还可以包含动态信息，即 GIF 动画，该格式最多使用 256 种颜色，最适合显示色调不连续或具有大面积单一颜色的图像，例如，导航条、按钮等具有统一色彩和色调的图像。

2. JPEG 图像格式

JPEG 文件格式是用于摄影或连续色调图像的较好格式，这是因为 JPEG 文件可以包含数百万种颜色。随着 JPEG 文件品质的提高，文件的大小和下载时间也会随之增加。它可以高效地压缩图片，丢失人眼不易察觉的部分图像，使文件容量在变小的同时基本不失真，例如，照片和一些细腻、讲究色彩浓淡的图像常采用 JPEG 格式。

3. PNG 图像格式

PNG 文件格式在压缩方面能够像 GIF 格式的图像一样没有压缩上的损失，并能像 JPEG 那样呈现更多的色彩，同时又具有 JPEG 格式图像没有的透明度支持能力。

二、插入图像

将图像插入 Dreamweaver 文档时，HTML 源代码中会生成对该图像文件的引用。为了确保此引用的正确性，该图像文件必须位于当前站点中。如果图像文件不在当前站点中，Dreamweaver 会询问是否要将此文件复制到当前站点中。

（1）使用 Dreamweaver CS3 将一个图像放置到网页上有 3 种方法：

① 将光标定位到要插入图像的位置。

② 执行如下方法之一：

● 在【常用】面板中单击【图像】按钮。

● 在菜单栏中选择【插入记录】→【图像】命令。

● 从【文件】面板组的【资源】面板上将图片直接拖到页面上。

（2）在将图片插入到页面时，如果在【首选参数】的【辅助功能】分类中选择了【图像】复选框，将会弹出如图 3-2-1 所示的对话框。

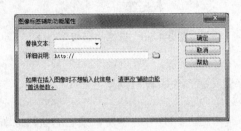

图 3-2-1 【图像标签辅助功能属性】对话框

此对话框中，在【替换文本】文本框中为图像输入一个名称或一段简短描述；"详细说明"用于设置当用户单击图像时所显示文件的位置。这里可以不做任何设置，单击【确定】按钮时，该图像将出现在文档中。

三、设置图像属性

插入图像后可在【属性】面板中编辑图像的属性，具体操作如下。

（1）选取要编辑的图像，展开【图像】属性面板，如图 3-2-2 所示，其左上角显示了选取图像的缩略图。

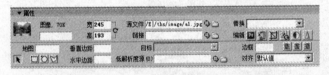

图 3-2-2 【属性】面板

（2）在【图像】文本框中可设置图像的标签名称，以便在使用 Dreamweaver 行为（如"交换图像"）或脚本撰写语言（如 JavaScript 或 VBScript）时可以引用该图像。

（3）在【宽】和【高】数值框中输入数值可以修改图像的大小，单击【宽】和【高】文本框后的 按钮可以将图像恢复到原始大小。拖动图像右下角的控制点可以成比例调整图像大小。

（4）在【垂直边距】数值框中设置图像距顶部和底部的边距。在"水平边距"数值框中设置图像距左侧和右侧的边距，以像素为单位。

（5）【源文件】文本框中显示了插入图像的源位置。

（6）链接：用于设置单击图像时的超级链接。

（7）替换：为图像输入一个简短的描述性语名，当鼠标悬停在该图像上时，就显示该输入的信息。

（8）【编辑】栏中的按钮功能如下：

① （优化）按钮：将对输出的文件格式等参数进行优化设置。

② （裁剪）按钮：可以修剪图像的大小。

③ 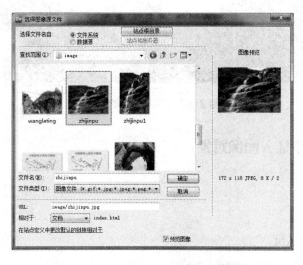（重新取样）按钮：有时会在 Dreamweaver 中手动改变图像的尺寸，如加宽或缩小，并不按比例缩放，这时图像会失真，使用此功能，可以使图像尽可能地降低失真度。

④ ◐（亮度和对比度）按钮：可调整图片的明暗度。

⑤ △（锐化）按钮：可以改变图像显示的清晰度。

（9）地图：用于制作图像热点，有矩形、椭圆形、多边形 3 种形状。

（10）边框：图像边框的宽度，默认为无边框。

（11）⊟ ⊟ ⊟ 按钮：依次是左对齐、居中对齐、右对齐按钮。

（12）对齐：用于调整图像周围的文本或其他对象与图像的位置关系。

①【默认值】：使用浏览器默认的对齐方式。

②【基线】：将网页元素的基线与所选图像的底边对齐。

③【顶端】：图像顶端与文本中最高字母或图像对齐。

④【居中】：图像中部与当前行的基线对齐。

⑤【底部】：图像底部与当前行的基线对齐。

⑥【文本上方】：文本的最顶端与图像的顶端对齐。

⑦【绝对居中】：图像中部与文本行中部对齐。

⑧【绝对底部】：图像底部与文本行底部对齐。

⑨【左对齐】：图像位于左边，文本在图像的右侧换行。

⑩【右对齐】：图像位于右边，文本在图像的左侧换行。

任务实施

插入"图片欣赏"的内容并进行属性设置。

1. 插入图像

（1）将本章素材文件夹"item3\task2\material"下的"index.html"文件复制到"天河山旅游"站点根文件夹下。

（2）打开站点根文件夹下的 index.html 网页，将光标置于网页底部"图片欣赏"后的第 1 个单元格，选择【插入记录】→【图像】命令，打开【选择图像源文件】对话框，如图 3-2-3 所示，选择站点根目录下的"image\zhijinpu.jpg"。

图 3-2-3 【选择图像源文件】对话框

（3）单击【确定】按钮，弹出【图像标签辅助功能属性】对话框，在【替换文本】文本框内输入"织锦瀑"，如图 3-2-4 所示。

（4）单击【确定】按钮后的效果如图 3-2-5 所示，插入的图像大小没有充满单元格。

图 3-2-4 【图像标签辅助功能属性】对话框   图 3-2-5 插入图片后的效果

2. 设置图像属性

（1）单击图像，确认图像处于被选中状态，然后在图像【属性】面板的【宽】和【高】文本框中分别输入"200"和"190"来重新定义图像的显示大小。

（2）在【垂直边距】和【水平边距】文本框中输入"2"，在【边框】文本框中输入"2"，在【对齐】下拉列表中选择【左对齐】选项，【属性】面板如图 3-2-6 所示。

图 3-2-6 【属性】面板

（3）重新改变大小后的图像有点失真，单击【编辑】栏中的 （重新取样）按钮对图片重新进行取样。

（4）按上述步骤在"图片欣赏"后的第 2、3、4 单元格中分别插入图像 queqiao.jpg、wanglating.jpg、huxue.jpg，替换文本分别为"鹊桥"、"望郎亭"、"壶穴"，图像大小、边距和对齐方式同上，最终效果如图 3-2-7 所示。

图 3-2-7 插入图片的效果

活动 2   在网页中插入图像对象

知识准备

一、插入图像占位符

制作网页时还未选定需插入的图像，但确定了图像大小的时候，可以使用占位符来代替图像

的方式插入到文档中。当图像确定后双击占位符，在打开的
对话框中选择要显示的图像即可。

（1）在【文档】窗口中，将插入点放置在要插入占位符
图形的位置。

（2）选择【插入记录】→【图像对象】→【图像占位符】
命令。打开如图 3-2-8 所示的对话框。

图 3-2-8 【图像占位符】对话框

① 名称：输入当前图像占位符的名称，必须输入字母或
数字，但是不能以数字开头。如果您不想显示名称，则保留该
文本框为空。

② 宽度和高度：输入当前图像占位符的宽度和高度，单位是像素。

③ 颜色：选择当前图像占位符的颜色。

④ 替换文本：设置当鼠标指向图像占位符时提示说明性的文字。

（3）单击【确定】按钮。

二、创建鼠标经过图像

鼠标经过图像是一种在浏览器中查看并使用鼠标指针移过它时发生变化的图像，必须用以下两个
图像来创建鼠标经过图像：主图像（首次加载页面时显示的图像）和次图像（鼠标指针移过主图像时
显示的图像）。鼠标经过图像中的这两个图像应大小相等；如果这两个图像大小不同，Dreamweaver
将调整第二个图像的大小与第一个图像的属性匹配。具体操作步骤如下：

（1）在【文档】窗口中，将光标定位在要显示鼠标经过图像的位置。

（2）使用以下方法之一插入鼠标经过图像：

① 在【插入】栏的【常用】类别中，单击【图像】按钮 右侧的向下小三角按钮，然后选择
【鼠标经过图像】选项。

② 选择【插入记录】→【图像对象】→【鼠标经过图像】命令，如图 3-2-9 所示。

图 3-2-9 【插入鼠标经过图像】对话框

（3）设置选项。

① 图像名称：鼠标经过图像的名称。

② 原始图像：页面加载时要显示的图像。在文本框中输入路径，或单击【浏览】按钮并选择该
图像。

③ 鼠标经过图像：鼠标指针滑过原始图像时要显示的图像。输入路径或单击【浏览】按钮选择
该图像。

④ 单击【确定】按钮。

⑤ 按 F12 键在浏览器中预览效果。

注意： 鼠标经过图像只能在浏览器预览中看到效果。

三、插入导航条

使用【插入导航条】命令之前，必须首先为各个导航元素的显示状态创建一组图像。

1．插入导航条

选择【插入记录】→【图像对象】→【导航条】命令或在【插入】栏的【常用】类别中，单击【图像】按钮并选择【插入导航条】选项，如图 3-2-10 所示。

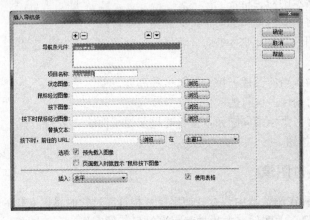

图 3-2-10 【插入导航条】对话框

2．【插入导航条】对话框中的部分选项

（1）加号和减号按钮

单击加号可插入元素；再单击加号会再添加另外一个元素。要删除元素，选择要删除的元素，然后单击减号。

（2）项目名称

键入导航条元素的名称，例如，Home。每一个元素都对应一个按钮，该按钮具有一组图像状态，最多可达四个，元素名称在【导航条元件】列表中显示，用箭头按钮排列元素在导航条中的位置。

（3）状态图像、鼠标经过图像、按下图像和按下时鼠标经过图像

一般只选择"状态图像"。

（4）替换文本

设置当鼠标指向图像时提示说明性的文字。

（5）按下时，前往的 URL

单击【浏览】按钮，选择要打开的链接文件，然后指定是否在同一窗口或框架中打开文件。

（6）预先载入图像

选择此选项可在下载页面的同时下载图像，此选项可防止在用户将指针滑过鼠标经过图像时出现延迟。

（7）页面载入时就显示"鼠标按下图像"

对于希望在初始时为"按下"状态，而不是以默认的"状态图像"显示的元素，选择此选项。

（8）插入

指定是垂直插入还是水平插入各元素。

（9）使用表格

选择以表格的形式插入各元素。

四、使用外部图像编辑器

在 Dreamweaver 中工作时，可以在外部图像编辑器中打开选定的图像，编辑完图像并保存返回

到 Dreamweaver 时，可以在【文档】窗口中看到您对图像所做的任何更改。

1. 设置主编辑器

默认情况下，Photoshop 为 PSD 文件的主编辑器。可以选择【编辑】→【首选参数】命令打开【首选参数】对话框，在其中的【文件类型】分类，将 Photoshop 定义为 JPEG、GIF 和 PNG 文件类型的默认编辑器，如图 3-2-11 所示。

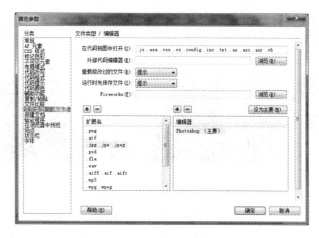

图 3-2-11 【首选参数】对话框

2. 编辑图像

当把 Photoshop 设为外部图像编辑器时，选择要修改的图像，在图像属性编辑器中单击【编辑】右侧的 按钮，直接打开 Photoshop 软件，将在 Photoshop 中处理图像，结果在文档中即时生效。

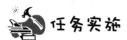任务实施

在网页中插入图像对象

1. 添加图像变换效果

（1）打开"天河山站点"下的 index.html，把光标定位到网页 Logo 图片后的单元格中。

（2）选择【插入记录】→【图像对象】→【鼠标经过图像】命令，在弹出的对话框中分别选取"image"文件夹下的素材图像 PC12.jpg 和 PC13.jpg 作为原始图像和鼠标经过图像。

（3）在【替换文本】文本框内输入替换文本提示作息"天河山"。

（4）在【按下时，前往的 URL】文本框内输入"http://www.tianheshan.com"，如图 3-2-12 所示。

（5）单击【确定】按钮插入鼠标经过图像，如图 3-2-13 所示。

（6）保存文档并在浏览器中预览，当鼠标放在图像上面时，预览效果如图 3-2-14 所示。

图 3-2-12 【插入鼠标经过图像】对话框

图 3-2-13 插入鼠标经过图像

图 3-2-14 预览效果

2. 设置导航条

（1）把素材文件夹"item3\task2\material"中的"huxue.html"、"fuziling.html"、"mihou.html"、"pin.html"文件复制到站点"ths"文件夹下。

（2）打开网页 index.html，把光标定位到网页"主要景点"下的单元格中。

（3）选择【插入记录】→【图像对象】→【导航条】命令。

（4）在【插入导航条】对话框的【项目名称】文本框内输入图像名称，如"dh1"。

（5）在【替换文本】文本框内输入图像的提示信息，如"壶穴"。

（6）【状态图像】设置为"dh1.jpg"，【鼠标经过图像】设置为"dh11.jpg"，【按下时，前往的 URL】设置为"huxue.html"。

（7）勾选【预先载入图像】复选框。

（8）在【插入】下拉列表中选择【垂直】选项且使用表格，如图 3-2-15 所示。

图 3-2-15 【插入导航条】对话框

（9）单击对话框上方的【加号】按钮，继续添加导航条中的第二个导航条元件，如图 3-2-16 所示。

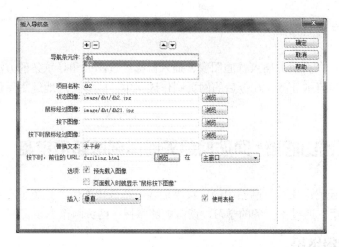

图 3-2-16 添加第 2 个导航条元件并设置属性

（10）使用上述步骤，分别添加其他导航条元件，并进行对应的设置，分别如图 3-2-17 和图 3-2-18 所示。

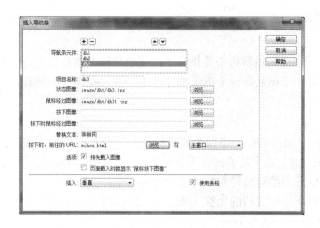

图 3-2-17 添加第 3 个导航条元件并设置属性

（11）单击【确定】按钮，并按下 F12 键在浏览器中预览网页。当鼠标指向导航条元件时的效果如图 3-2-19 所示。

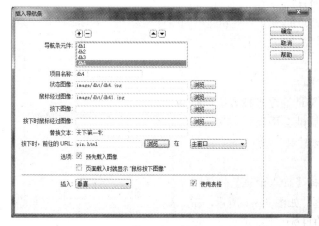

图 3-2-18 添加第 4 个导航条元件并设置属性　　　　图 3-2-19 插入导航条后的效果

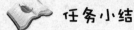 **任务小结**

本任务主要学习了在页面上插入普通图像、插入鼠标经过图像和导航条的方法；学会设置图像的属性；希望读者通过学习本任务，在今后的网页制作过程中，能够灵活地运用图像来为自己的网页增添各种效果。

任务三 为"天河山旅游"网站的相关网页创建超级链接

本任务通过为"天河山旅游"网站中的主页添加各种超链接为例，介绍了有关超级链接的基本知识及其在网页中的应用。通过本任务的学习，读者能够掌握在网页制作中设置各种超级链接的方法。

活动 设置超级链接

 知识准备

一、认识超链接

1. 超链接概念

超链接是从一个网页指向其他目标的连接关系，这个目标可以是另外一个网页，可以是相同网页上的不同位置，还可以是一个图片、一个电子邮件地址、各种媒体（如声音、图像和动画），以及一个应用程序等。

2. 链接路径

超链接与 URL 及网页文件的存放路径是紧密相关的。URL 可以简单地称为网址，顾名思义，就是 Internet 文件在网上的地址，定义超链接其实就是指定一个 URL 地址来访问它指向的 Internet 资源。一般来说，链接路径可以分为绝对路径与相对路径两类。

（1）绝对路径：提供所链接文档的完整 URL，而且包括所使用的协议（如对于 Web 页面，通常使用 http://），如 "http://www.adobe.com/support/dreamweaver/contents.html"。 必须使用绝对路径，才能链接到其他服务器上的文档。

（2）文档相对路径：是指以当前文档所在位置为起点到被链接文档经由的路径。当创建的链接要连接到网站内部文件时，通常使用文档相对路径。文档相对路径的基本思想是省略掉对于当前文档和所链接的文档都相同的绝对路径部分，而只提供不同的路径部分。

（3）站点根目录相对路径：是指从站点的根文件夹到文档的路径，以 "/" 开始，"/" 表示站点根文件夹，如 "/dreamweaver/contents.html"。

二、创建超链接的方法

在 Dreamweaver CS3 中，可以随时随地通过多种方法在所需的位置创建各种超级链接，可以在【属性】面板中创建、使用菜单命令创建或使用指向文件图标来创建超链接。

1. 使用菜单创建超链接

（1）选择要创建超链接的对象，选择【插入记录】→【超级链接】命令，弹出【超级链接】对话框，如图 3-3-1 所示，在该对话框的【链接】文本框中输入链接的目标文件，或单击【链接】文本框后面的 按钮，选择链接文件。

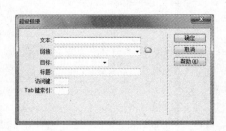

图 3-3-1 【超级链接】对话框

（2）单击【确定】按钮。

2. 使用【属性】面板创建超链接

（1）选择要创建超链接的对象，在【属性】面板的【链接】文本框中输入要链接的文件或用【链接】下拉列表后的 按钮，打开【选择文件】对话框，在对话框中选择要链接到的目标文件，如图 3-3-2 所示。

图 3-3-2 【属性】对话框

（2）在【目标】下拉菜单中可以设置 4 个超级链接目标，其意义分别如下：

（1）_blank 将链接的文件加载到一个未命名的新浏览器窗口中。

（2）_parent 将链接的文件加载到含有该链接的框架的父框架集或父窗口中。如果包含链接的框架不是嵌套的，则链接文件加载到整个浏览器窗口中。

（3）_self 将链接的文件加载到该链接所在的同一框架或窗口中。此目标是默认的，所以通常不需要指定它。

图 3-3-3 链接文件

（4）_top 将链接的文件加载到整个浏览器窗口中，因而会删除所有框架。

3. 使用"指向文件"图标创建超链接

利用直接拖动的方法创建超链接时，需要先建立一个站点，然后选中要创建链接的对象，在【属性】面板中单击【指向文件】按钮，按住鼠标左键不放直至拖动到站点窗口中的目标文件上，释放鼠标左键即可创建超链接，如图 3-3-3 所示。

4. 使用【插入】面板创建超链接

选择要创建超链接的对象，打开【插入】面板的【常用】选项，如图 3-3-4 所示，单击【超级链接】按钮 ，弹出【超级链接】对话框，若创建对象为电子邮件，则单击【电子邮件链接】按钮 。

图 3-3-4 【插入】面板

三、创建超级链接

在对超级链接有一定了解的基础上，将分类介绍各种超级链接的创建方法，包括创建文本超链接、图像超链接、锚记链接、电子邮件链接、图形热点链接、空链接和脚本链接。

1. 创建文本超链接

当光标移至浏览器中的文本链接时，光标会变成一只手的形状，此时单击链接便可以打开链接所指向的目标网页。要创建文本超链接，首先选中要设置超链接的文本，在【属性】面板中单击【链接】文本框右侧的文件夹图标，打开【选择文件】对话框，选择要链接的文件，单击【确定】按钮，即可将文件添加到【链接】文本框中，如图 3-3-5 所示。也可以在【链接】文本框中输入链接的 URL 地址。

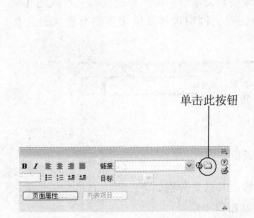

单击此按钮

图 3-3-5 【选择文件】对话框

2. 创建图像超链接

创建图像超链接的方法与创建文本超链接的方法相同。选中要创建超链接的图像，打开【属性】面板，进行相应的设置。

3. 创建锚记超链接

如果一个页面的内容较多、篇幅较长，为方便浏览，可以使用锚记链接。创建锚记是指在文档中设置标记，这些标记通常放在文档的特定主题处或顶部，然后在【属性】面板中设置指向这些锚记的超链接来链接到文档的该标记处。使用锚记超级链接不仅可以跳转到当前网页中的指定位置，还可以跳转到其他网页中的指定位置。

1）创建锚记

（1）光标移到需要加入锚记的地方，如打开素材"item3\task2\material"下的 jpxl.html 文件，将光标定位到"自然生态游"内容介绍的标题处。

（2）单击【常用】面板上的【命名锚记】按钮，或是在主窗口的菜单选择【插入记录】→【命名锚记】命令，在弹出的【命名锚记】对话框中完成设置即可，如图 3-3-6 所示。

（3）插入锚记后的效果如图 3-3-7 所示。

注意：锚记插入后，如果看不到，请执行【查看】→【可视化助理】→【不可见元素】命令，显示锚记标记。

（4）锚记的命名规则。

图 3-3-6 【命名锚记】对话框

① 只能使用字母和数字，锚记命名不支持中文。锚记名称的第 1 个字符最好是英文字母，一般不要以数字作为锚记名称的开头。

② 锚记名称间不能含有空格，也不能含有特殊字符，且名称区分英文字母的大小写。

2）链接锚记

（1）在同一文档中创建时，选择想要链接到锚记的文字或图片，然后按如下方法进行操作：

① 在属性面板上的【链接】文本框中输入符号#和锚记名称。

② 按住属性面板上的【指向文件】按钮，并拖动鼠标指向锚记。

例如，选择文章标题下的"自然生态游"文字，在【属性】面板的【链接】文本框中输入"#a"，如图 3-3-8 所示。

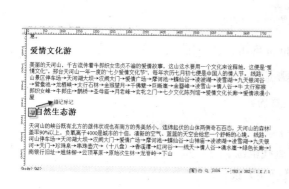

图 3-3-7 插入锚记

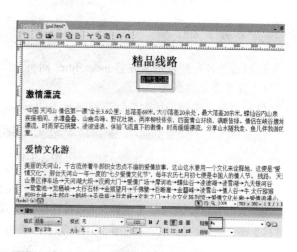

图 3-3-8 设置锚记链接

（2）在链接锚记时，应注意以下事项：

① 符号#必须是半角符号；在#和锚记名之间不要留有空格，否则链接会失败。

② 在不同文档中创建时，在属性面板上的【链接】文本框中输入"filename.htm# 锚记名称"。

4．创建电子邮件链接

电子邮件链接是一种特殊的链接，链接的对象可以是文本，可以是图像，但它们的链接 URL 必须是电子邮件地址。定位光标，选择【插入记录】→【电子邮件】命令，打开【电子邮件链接】对话框，如图 3-3-9 所示。

预览页面时单击电子邮件链接，可以打开一个空白通信窗口，如图 3-3-10 所示。在 E-mail 通讯窗口中，可以创建电子邮件，并发送到指定的地址。

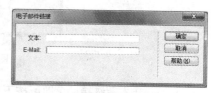

图 3-3-9 【电子邮件链接】对话框

图 3-3-10 【新邮件】窗口

5．创建图形热点链接

图形热点链接实际上就是为图像绘制一个或几个特殊区域，并为这些区域添加链接。单击不同的区域可以打开不同的链接目标，这样的链接就称为"图形热点链接"。图像热点工具位于【属性】面板的左下方，包括□（矩形热点工具）、◯（椭圆形热点工具）、▽（多边形热点工具）3 种形式。

6．站外 URL 链接

除了在站点内创建各种链接外，还可以创建从站点内到站点外的链接。只需在【链接】的文本框中输入目标 URL 的绝对路径即可，如"http://www.sohu.com"。

7．空链接

空链接是一个未指派目标的链接。建立空链接的目的通常是激活页面上的对象或文本，使其可以应用行为。在【属性】面板的【链接】文本框中输入"#"即可。

8．创建脚本链接

脚本链接用于执行 JavaScript 代码或者调用 JavaScript 函数，这样可以使访问者不用离开当前 Web 页面就能够得到关于一个项目的其他信息。创建 JavaScript 链接的方法是，首先选定文本或图像，然后在【属性】面板的【链接】文本框中输入"JavaScript:"，后面跟一些 JavaScript 代码或函数调用即可。

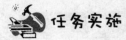**任务实施**

通过设置各种超链接来完善 index.html 网页

1. 设置文本超链接

（1）打开"天河山旅游"站点根目录下的 index.html 网页，选中如图 3-3-11 所示的"景区简介"。

| 景区简介 | 景区景点 | 精品线路 | 项目价格 | 爱情文化 |

图 3-3-11　选择内容

（2）在菜单栏中选择【插入记录】→【超级链接】命令，弹出【超级链接】对话框，单击【链接】文本框后面的☐按钮，打开【选择文件】对话框，通过【查找范围】下拉列表选择"jj"目录下的"jqjj.html"，【目标】下选择"_blank"，如图 3-3-12 所示，单击【确定】按钮。

图 3-3-12　设置超链接属性

（3）插入文本超链接后，即可按下 F12 键打开浏览器测试链接效果，如图 3-3-13 所示。

图 3-3-13　测试文本超链接

2. 设置图像超链接

（1）选择"图片欣赏"后的第一张图片，按下 Ctrl+F3 快捷键打开【属性】面板。

（2）单击【属性】面板【链接】选项后的☐按钮，在打开的【选择文件】对话框中，选择"image/zhijinpu1.jpg"图像，设置链接目标为"_blank"，以便让链接目标从新窗口中打开，设置好的【属性】面板如图 3-3-14 所示。

图 3-3-14　图像链接【属性】面板

（3）按 F12 键预览链接效果。

3．创建电子邮件超级链接

（1）将光标定位在"客服中心"下一个单元格中最后一行文本的（　）中，如图 3-3-15 所示。

（2）选择【插入记录】→【电子邮件链接】命令，在【文本】文本框中输入在文档中显示的信息，在【E–mail】文本框中输入电子邮箱的完整地址，这里均输入"ychzyp1221@ sohu.com"，如图 3-3-16 所示。

图 3-3-15　准备创建电子邮件链接文档　　　　图 3-3-16　【电子邮件链接】对话框

（3）单击【确定】按钮，一个电子邮件链接就创建完成，如图 3-3-17 所示。

4．设置锚记超级链接

（1）将素材"\item3\task2\material"下的"jingdian.html"复制到站点根文件夹下。

（2）打开网页文档"jingdian.html"，将光标置于正文中的"一、壶穴奇观"的前面，选择【插入记录】→【命名锚记】命令。

（3）在【锚记名称】文本框中输入"a"，单击【确定】按钮，在文档光标位置插入了一个锚记，如图 3-3-18 所示。

图 3-3-17　电子邮件超级链接

图 3-3-18　命名锚记

（4）按照相同的步骤为网页中的"二、松林草原"、" 三、天下第一牝"、"四、夫子岩休闲区"、"五、拓展培训基地"、"六、太行猕猴园"分别添加锚记"b"、"c"、"d"、"e"、"f"，然后为文档大标题"景区景点"添加命名锚记"top"。

（5）在文档顶部目录中选中文字"壶穴奇观"，然后在【属性】面板的【链接】下拉列表中输入锚记名称"#a"，如图 3-3-19 所示。

（6）在文档顶部目录中选中文字"二、松林草原"，然后选择【插入记录】→【超级链接】命令，打开【超级链接】对话框，这时选择的文本"二、松林草原"自动出现在【文本】文本框中，然后在【链接】下拉列表中选择锚记名称"#b"，如图 3-3-20 所示，单击【确定】按钮。

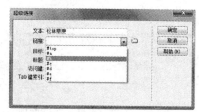

图 3-3-19　设置锚记超级链接　　　　图 3-3-20　【超级链接】对话框

（7）运用以上介绍的方法分别设置"三、天下第一牝"、"四、夫子岩休闲区"、"五、拓展培训基地"、"六、太行猕猴园"的锚记超级链接。

（8）选中"四、夫子岩休闲区"后面<>中的文本"返回顶部"，然后在【属性】面板的【链接】下拉列表中输入锚记名称"#top"。运用相同的方法分别为"五、拓展培训基地"、"六、太行猕猴园"后面<>中的文本"返回顶部"添加锚记超级链接。

（9）完成后的网页效果如图 3-3-21 所示。

5. 创建图形热点

（1）打开 index.html 网页，选择图像"中国爱情山游览示意图"。

（2）在【属性】面板中单击左下方的【矩形热点工具】按钮，并将鼠标光标移到图像上，按住鼠标左键绘制一个矩形区域，如图 3-3-22 所示。

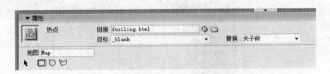

图 3-3-21　添加锚记　　　　　　　　图 3-3-22　"夫子岭"图形热点

（3）接着在【属性】面板中设置链接地址、链接目标和替换文本，如图 3-3-23 所示。

（4）运用类似的方法分别设置其他图形热点，设置链接地址分别为"huxue.html"、"pin.html"，目标窗口均为"_blank"，替换文本分别为"壶穴"、"天下第一牝"，设置后的效果如图 3-3-24 所示。

图 3-3-23　【图形热点】属性面板　　　　　图 3-3-24　创建的图形热点

（5）保存文件，并按 F12 键在浏览器中预览，当鼠标光标移到热点区域上时，鼠标光标变成手形，如图 3-3-25 所示。当单击时会打开一个新的窗口并在其中显示相应的内容。

图 3-3-25　在浏览器中预览

图 3-3-26　网页 Logo

6．创建脚本链接

（1）在 index.html 网页上，选中左上方网页 Logo，如图 3-3-26 所示。

（2）在【属性】面板的【链接】文本框中输入"javascript：alert（'欢迎光临邢台天河山'）"，如图 3-3-27 所示。

（3）保存网页，预览效果。单击网页 Logo"中国爱情山"，将弹出一个 JavaScript 警告框提示"欢迎光临邢台天河山"，如图 3-3-28 所示。

图 3-3-28　网页效果

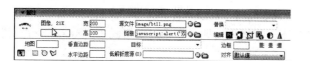

图 3-3-27　脚本链接【属性】窗口

7．创建空链接

（1）在 index.html 网页中，选中网页左下方"收藏我们"，如图 3-3-29 所示。

（2）在【属性】面板的【链接】文本框中输入"#"即可，如图 3-3-30 所示。

图 3-3-29　选中文字效果

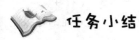

图 3-3-30　空链接

（3）按 F12 键预览。

任务小结

本任务着重介绍了超级链接在网页制作中的应用，包括文本超级链接、锚记、图像超级链接、电子邮件超级链接、图像热点、脚本链接等。

项目综合实训

实训 1：打开"item3\exercise\material"下的 lx1.html。

根据要求编排网页文档，最终效果图如图 3-4-1 所示。

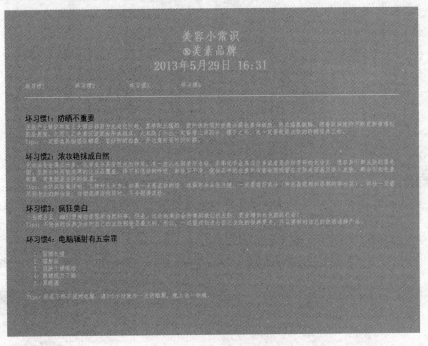

图 3-4-1　实训 1 效果图

（1）在页面中插入特殊符号：在标题下方"美素品牌"前插入特殊符号"注册商标"。

（2）在页面中插入日期：在"美素品牌"下一行插入日期，要求日期格式为"××××年×月×日　星期×××：（时）××（分）"。

（3）在页面中插入水平线：在"坏习惯1：防晒不重要"上方插入水平线，颜色为"FFFF00"。

（4）设置项目列表：把"电脑辐射有五宗罪"下的具体内容设置为项目列表编号格式。

（5）设置页面属性：文本大小为"14 像素"，字体为"仿宋"，颜色为"黄色"，网页背景颜色为 CC99FF。页边距均为"50 像素"。

（6）设置文档标题：网页前三行，设为标题 1，居中对齐。

（7）设置文本字体属性：把"坏习惯1：防晒不重要"、"坏习惯2：浓妆艳抹成自然"、"坏习惯3：疯狂美白"、"坏习惯4：电脑辐射有五宗罪"字体设置为"黑体"、大小设置为"18 像素"、颜色设置为"#0000FF"。

实训 2：完善 lx1.html 网页。

要求：打开实训 1 做好的 lx1.html 网页。

（1）把正文中的"坏习惯1：防晒不重要"、"坏习惯2：浓妆艳抹成自然"、"坏习惯3：疯狂美白"、"坏习惯4：电脑辐射有五宗罪"处分别添加锚记名称"1"、"2"、"3"、"4"。

（2）给水平线上方的"坏习惯1"、"坏习惯2"、"坏习惯3"、"坏习惯4"建立锚记超级链接，分别指到锚记"1"、"2"、"3"、"4"。

（3）在水平线的下方插入素材"item3\exercise\material\image"下的"人物 1.jpg"图片，在【属性】面板中把图片大小修改为宽：100 像素，高：180 像素、对齐方式：右对齐。最终效果如图 3-4-2 所示。

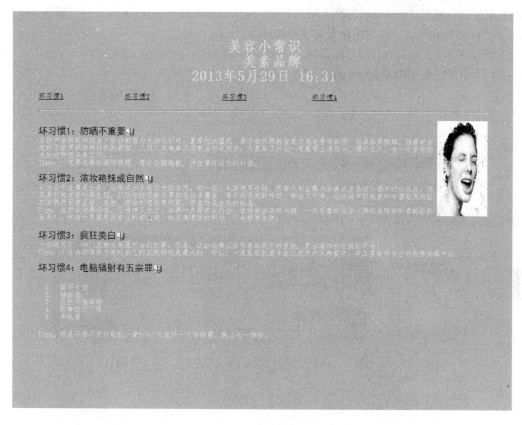

图 3-4-2 实训 2 效果图

实训 3：完善"天河山旅游"网站。

（1）打开"天河山旅游"，把素材"item3\exercise\material"下的"dh2"文件夹复制到"天河山旅游"下的"image"文件夹下，把素材文件夹"item3\task2\material"中的"aqwh.html"网页文件复制到站点"ths"文件夹下。

（2）打开"aqwh.html"网页，在标题下方插入导航条分别链接到"index.html"、"jiage.html"、"jpxl.html"、"zijia.html"，设置导航条居中对齐。

（3）在网页下方设置"鼠标经过图像"，原始图像：a1、鼠标经过图像：a2，效果如 图 3-4-3 所示。

图 3-4-3 预览效果图

（4）打开"index.html"网页，给如图 3-4-4 中的"景区景点"文字链接网页"jingdian.html"、"精

品线路"文字链接网页"jpxl.html"、"项目价格"文字链接网页"jiage. html"、"爱情文化"文字链接网页"aqwh.html"、"自驾指南"文字链接网页"zijia. html"。

（5）把如图 3-4-5 所示的"邢台旅游网"链接站外 URL"http://www.xingtailvyou. com"、"中国旅游信息网"链接站外 URL"http://www.cthy.com"。

景区景点　　精品线路　　项目价格　　爱情文化　　自驾指南

图 3-4-4　文本链接　　　　　　　　图 3-4-5　站外 URL 链接

（6）最终做好的网页如图 3-4-6 所示。

图 3-4-6　网页效果图

项目小结

本项目主要介绍了向网页添加文本、特殊字符和图像，通过超级链接联系各网页。主要涉及了格式化文本、页面属性、图像的属性设置和各种超级链接的设置等内容。

思考与练习

一、填空题

1. 设置网页的背景图像可以通过【页面属性】对话框的【_____】分类进行。
2. 文本的对齐方式通常有 4 种：【左对齐】、【_____】、【右对齐】和【_____】。
3. 如果【字体】下拉列表中没有需要的字体，可以选择【_____】进行添加。
4. _____只是作为临时代替图像的符号，在设计阶段使用的占位工具之一。
5. 超级链接根据路径可分为绝对路径和_____、_____。
6. 在文档窗口中，每按一次_____键就会生成一个段落。

二、选择题

1. 如果要实现在一张图像上创建多个超级链接，可使用（　　）链接。
   A. 图像热点　　　　　　B. 锚记　　　　　　　C. 电子邮件　　　　　　D. 表单
2. 在【链接】列表框中输入（　　）可创建空链接。
   A. @　　　　　　　　　B. %　　　　　　　　　C. #　　　　　　　　　D. &
3. 表示打开一个新的浏览器窗口的是（　　）。
   A. 【_blank】　　　　　B. 【_parent】　　　　　C. 【_self】　　　　　　D. 【_top】
4. 按（　　）键可在文档中插入换行符。
   A. Ctrl+Space　　　　　B. Shift+Space　　　　　C. Shift+Enter　　　　　D. Ctrl+Enter
5. 在 Dreamweaver CS3 中可以插入连续多个空格的快捷键是（　　）。
   A. Ctrl+Space　　　　　　　　　　　　　B. Ctrl+Shift+Space
   C. Shift+Space　　　　　　　　　　　　　D. Shift+Enter
6. 列表是一种简单而实用的段落排列方式，最经常使用的两种列表是项目列表和（　　）列表。
   A. 数字　　　　　　　　B. 符号　　　　　　　　C. 顺序　　　　　　　　D. 编号

三、简答题

1. 在 Dreamweaver CS3 中有几种添加文本的方法？

2. 锚记的命名规则？

项目四 表格的运用与页面布局

项目概述

当我们浏览网页时，好的页面布局能吸引我们的眼球，让人们有继续浏览的欲望。利用表格和框架进行布局是目前最常见的网页布局方式。通过本项目内容的学习，读者能够了解常见的网页布局类型及相应的特点并运用页面布局的方法绘制页面布局草图，理解表格的相关概念，掌握表格和框架的基本操作及属性的设置，能够灵活运用表格和框架布局网页。

项目分析

本项目包括 3 个任务：在网页中使用表格、使用表格布局"时尚潮流"网站首页部分及使用框架布局"时尚潮流"网站中的"时尚设计"页面。主要向读者介绍表格、框架及页面布局的相关知识。本项目先从表格、框架的基本操作和编辑入手，逐步讲解运用表格和框架布局网页的方法和技巧。

项目目标

- 掌握表格与单元格的基本操作及其属性的设置。
- 掌握特殊表格的制作方法。
- 掌握常见的网页布局类型及相应的特点。
- 能够运用页面布局的方法绘制页面布局草图。
- 掌握框架和框架集的创建、编辑及属性设置方法。
- 能够利用表格、框架灵活布局网页。

任务一 在网页中使用表格

表格在网页中的应用十分广泛，它是网页中的重要元素。表格在网页中有两种功能：一种功能是在网页中用表格组织数据，以清晰的二维列表方式显示网页中的数据，方便查询和浏览；另一种功能是用表格布局网页。

通过本任务的学习，读者能够掌握表格的基本操作、表格和单元格的属性设置及制作特殊表格的方法。

活动 1 表格的基本操作

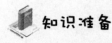 知识准备

一、认识表格

表格（Table）就是由一个或多个单元格构成的集合，表格中横向的多个单元格称为行（在 HTML 语言中以\<tr\>标签开始，\</tr\>标签结束），纵向的多个单元格称为列，行与列的交叉区域称为单元格

（以<td>标签开始，</td>标签结束），网页中的元素就放置在这些单元格中，如图4-1-1所示。

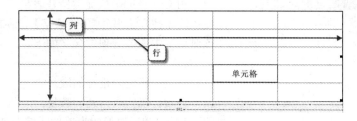

图 4-1-1 表格的构成

二、标准模式和扩展表格模式

Dreamweaver 提供了两种查看和操作表格的方式：【标准】模式和【扩展】模式，如 图 4-1-2 所示。

1. 标准模式

启动 Dreamweaver 软件后，表格操作默认的模式为标准模式。

在标准模式中，表格是以普通形式显示的，【表格】、【插入 Div 标签】和【描绘 AP Div】按钮显示为可用，如图 4-1-3 所示。

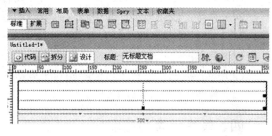

图 4-1-2 标准模式和扩展模式   图 4-1-3 标准模式

2. 扩展模式

扩展模式临时向文档中的所有表格添加单元格边距和间距，并且增加表格的边框以使编辑操作更加容易，如图 4-1-4 所示。利用这种模式，可以选择表格中的项目或者精确地放置插入点。

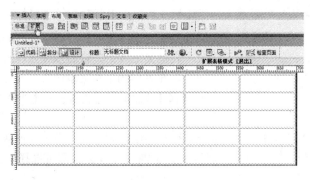

图 4-1-4 扩展表格模式

三、插入表格

在网页中插入表格可以使用以下 3 种方法：

（1）用菜单命令新建表格：【插入记录】→【表格】。

（2）单击【插入】工具栏【常用】项中的【表格】按钮新建表格。

图 4-1-5 "表格"对话框

（3）用 Ctrl+Alt+T 快捷键新建表格。

使用这 3 种方法都会弹出【表格】对话框，如图 4-1-5 所示。该对话框中主要选项的含义如下。

1．表格大小选项

（1）行数：确定表格行的数目。

（2）列数：确定表格列的数目。

（3）表格宽度：以像素为单位或按占浏览器窗口宽度的百分比指定表格的宽度。

（4）边框粗细：设置表格边框的宽度（以像素为单位）。

（5）单元格边距：设置单元格内容与单元格边框之间的间距，以像素为单位。

（6）单元格间距：设置相邻单元格之间的距离，以像素为单位。

2．【页眉】选项

（1）无：表示对表格不启用列或行标题。

（2）左：表示将表格的第一列作为标题列。

（3）顶部：表示将表格的第一行作为标题行。

（4）两者：表示能够在表中输入列标题和行标题。

3．"辅助功能"选项

（1）标题：可以创建一个显示在表格外的表格标题。

（2）对齐标题：设置表格标题相对于表格的对齐方式。

（3）摘要：设置表格的说明。

四、表格元素的选取

表格元素包括行、列和单元格 3 种，选取的方法各不相同。

1．选择表格

选取整个表格，可以按照下面的 5 种方法进行选择。

（1）将鼠标光标移至单元格边框线上，当光标变为 ╫ 或 ╪ 形状时单击鼠标即可选择表格。

（2）将鼠标光标移至表格外框线上，当光标变为 ▣ 形状时，单击鼠标即可选择表格。

（3）在表格内部任意单元格中单击，然后在标签选择器中单击对应的<table>标签。

（4）将插入点置于表格的任意单元格中，表格上方或下方将显示绿线标志，单击最上方或最下方标有表格宽度的绿线中的 ▼（绿色的向下三角），在弹出的下拉菜单中选择【选择表格】命令。

（5）单击表格中的任意一个单元格，然后选择【修改】→【表格】→【选择表格】命令。

2．选择行或列

（1）要选择某行或某列，可将光标置于该行左侧或该列顶部，当光标形状变为向右黑色箭头或向下黑色箭头并且被选行或列的单元格边框呈红色亮线时，单击鼠标即可选择相应的行或列，如图 4-1-6 和图 4-1-7 所示。

图 4-1-6 选择 1 列

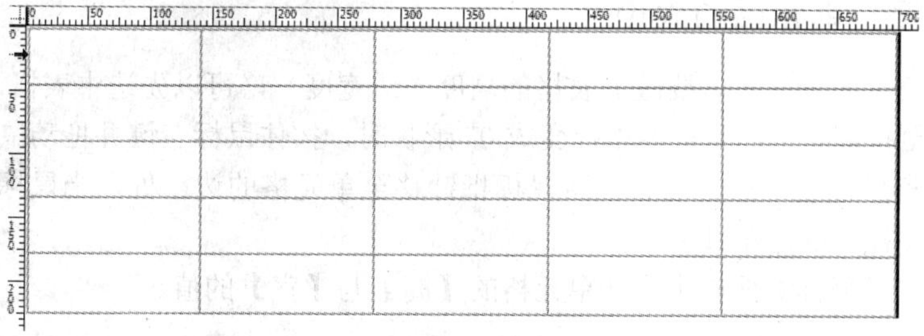

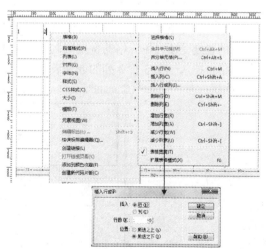

图 4-1-7　选择 1 行

（2）要选取连续的多行或多列时，只需在要选择的第一行或第一列处按下鼠标并继续拖动即可实现，或者单击第一行或列的第一个单元格时，按住 Shift 键，再单击要选择的最后一行或列的最后一个单元格即可选中要选的行或列。

（3）要选择不连续的多行或多列时，只需按住 Ctrl 键，单击需要选择的行或列即可。

3．选择单元格

可以选择单个单元格，也可以选择连续的多个单元格或不连续的多个单元格。

（1）要选择某个单元格，可首先将插入点置于该单元格内，然后按 Ctrl＋A 组合键或单击标签选择器中对应的<td>标签。

（2）要选择连续的单元格区域。应首先在要选择的单元格区域的左上角单元格中单击，然后按住鼠标左键向右下角单元格方向拖动鼠标，最后松开鼠标左键。

（3）如果希望选择一组不相邻的单元格，可按住 Ctrl 键选择各单元格。

五、行与列的插入与删除

插入和删除表格的行与列是 Dreamweaver 中常见的操作之一。用户在插入表格时，难免会算错表格的行数或列数，而使用插入或删除行或列命令来弥补是最方便快捷的方法。

1．插入单行或单列

（1）在表格中右击，在弹出的快捷菜单中选择【表格】→【插入行】或【插入列】命令，即可在当前行上方新增一行或在当前列左侧新增一列。

（2）通过菜单也可以插入行或列。选择【修改】→【表格】→【插入行】或【插入列】命令，即可在当前光标位置的上方新增一行或左侧新增一列。

2．插入多行或多列

将光标移动到要增加行或列的位置，单击鼠标右键，从弹出的快捷菜单中选择【插入行或列】命令，在打开的【插入行或列】对话框中设置要插入的多行或多列，如图 4-1-8 所示。

3．删除行或列

行或列的删除主要有以下 3 种方法。

（1）选中要删除的行或列，按 Delete 键。

（2）选中要删除的行或列后，单击鼠标右键，从弹出的快捷菜单中选择【删除行】或【删除列】命令。

（3）在【属性】面板中，减少【行】或【列】文本框中的数值可以删除多行或多列，此操作将删除表格最下方的行或最右侧的列。

图 4-1-8　插入行或列

六、调整表格、单元格的大小

在网页文档中插入表格后，若要改变表格的高度（或宽度），可以先选中表格，当出现 3 个控制点后将鼠标指针移至控制点上，当鼠标指针变成 ✣ 形状时，按住鼠标左键并拖动鼠标即可。

若要改变单元格的高度（或宽度），将鼠标指针移至单元格的边框处，当鼠标指针变成 ╪ 形状时，按住鼠标左键并拖动鼠标即可。

此外，还可以在【属性】面板中改变单元格的【高】与【宽】的值。

七、拆分和合并单元格

利用 Dreamweaver 直接创建的表格往往不能满足我们的需求，因此，在实际操作中，还需要对单元格进行拆分和合并操作。

1. 拆分单元格

可以有以下几种方法：

（1）【属性】面板操作：将光标定位在要拆分的单元格中，单击单元格【属性】面板中的【拆分单元格】按钮 ゴ，在【拆分单元格】对话框中，设置需要拆分的行数或列数。

（2）快捷菜单操作：选中要拆分的单元格，单击鼠标右键，在弹出的快捷菜单中选择【表格】→【拆分单元格】命令，即可打开【拆分单元格】对话框。

（3）通过菜单拆分单元格：选择【修改】→【表格】→【拆分单元格】命令，打开【拆分单元格】对话框，从中设置拆分单元格的操作。

2. 合并单元格

在 Dreamweaver 中可以合并任意多个连续的单元格，选择需要合并的相邻单元格，然后用以下任意第一种方法：

（1）单击【属性】面板中的【合并单元格】按钮 □；

（2）单击鼠标右键，在弹出的快捷菜单中选择【修改】→【表格】→【合并单元格】命令；

（3）菜单操作：选择【修改】→【表格】→【合并单元格】命令。

八、插入嵌套表格

嵌套表格是表格布局中一个十分重要的环节，它是指在一个表格的单元格中再插入一个表格，嵌套表格的宽度受所在单元格的宽度限制，其编辑方法与表格相同。图 4-1-9 所示为在一个表格的第 1 个单元格中插入一个 3 行 3 列的嵌套表格。

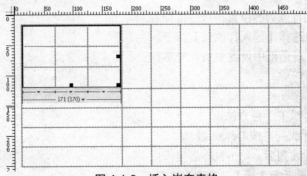

图 4-1-9 插入嵌套表格

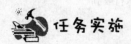 任务实施

本活动以"制作个人简历"为例，介绍有关表格的基本操作。

【操作步骤】

（1）将本活动的素材文件"item4\task1\material"中的"bg"文件夹复制到站点根文件 夹中。

（2）在网站根文件夹下新建一个网页文档，并保存为"jianli1.html"。单击【属性】面板中的【页面属性】按钮，在【页面属性】对话框中设置背景图像为"bg/bg4.jpg"，"上、下、左、右边距"均为0像素，然后单击【确定】按钮，如图4-1-10所示。

（3）将光标置于页面中，然后在主菜单中选择【插入记录】→【表格】命令，打开【表格】对话框，设置行数为"11"，列数为"1"，表格宽度为"700"像素，边框粗细为1像素，单元格边距和单元格间距都为0，如图4-1-11所示，设置完成后，单击【确定】按钮。

（4）将光标定位于第2行的单元格中，单击鼠标右键，选择【表格】→【拆分单元格】命令，打开【拆分单元格】对话框，设置把单元格拆分为5列，如图4-1-12所示。

（5）用同样方法将第3行至第8行的单元格也拆分为5列。

图4-1-10　【页面属性】对话框

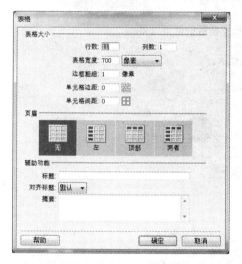

图4-1-11　【表格】对话框

图4-1-12　【拆分单元格】对话框

（6）选中第5列第2行至第6行的单元格，右击，选择【表格】→【合并单元格】命令，把这5个单元格合并成1个单元格；再将第7行第2列至第5列的单元格合并，效果如图4-1-13所示。

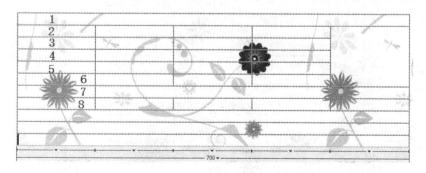

图4-1-13　合并单元格后的网页效果

（7）将鼠标定位于第8行第3列单元格内，单击鼠标右键，选择【表格】→【拆分单元格】命令，打开【拆分单元格】对话框，设置把单元格拆分为2列，然后适当调整表格的列宽，如图4-1-14所示。

（8）将第8行第2列和第3列的单元格合并，再将第5列和第6列的单元格合并，如图4-1-15所示。

图 4-1-14　拆分单元格后网页效果

图 4-1-15　合并单元格后的网页效果

（9）在表格中输入相应的文字，如图4-1-16所示。

图 4-1-16　输入文字后的网页效果

（10）将鼠标定位于第10行的单元格内，在主菜单中选择【插入记录】→【表格】命令，打开【表格】对话框，设置行数为"5"，列数为"4"，表格宽度为100%，边框粗细为1像素，单元格边距和单元格间距都为 0，设置完成后，单击【确定】按钮；在嵌套的表格中输入相应的文字，如图 4-1-17所示。

图 4-1-17　插入嵌套表格后的网页效果

（11）将鼠标定位于最后一行的单元格中，在主菜单中选择【插入记录】→【表格】命令，打开【表格】对话框，设置行数为"5"，列数为"2"，表格宽度为100%，边框粗细为1像素，单元格边距和单元格间距都为 0，设置完成后，单击【确定】按钮；适当调整嵌套表格的列宽，并在其中输入相应的文字，效果如图 4-1-18 所示。

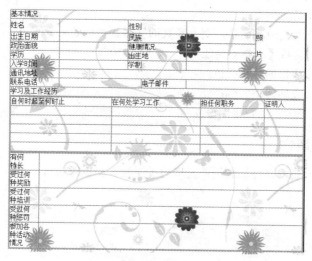

图 4-1-18　网页效果

活动 2　编辑表格和单元格

 知识准备

一、设置表格属性

在网页设计中，表格是最常用的页面元素之一，表格几乎可以实现任何想要的排版效果。灵活设置表格的背景、边框、背景图像等属性还可以使得页面更加美观，表格的属性设置可以通过表格属性面板来完成。

选中一个表格后，可以通过【属性】面板更改表格属性，如图 4-1-19 所示。

图 4-1-19　表格【属性】面板

【属性】面板中的各参数含义如下：

（1）表格 ID：表格的名称。

（2）行和列：表格中行和列的数目。

（3）宽和高：以像素为单位或按占浏览器窗口宽度的百分比计算的表格宽度和高（通常不需要设置表格的高度）。

（4）填充：表格内的单元格内容和单元格边框之间的距离。

（5）间距：表格内的单元格之间的间距。

注意：如果没有明确指定单元格间距和单元格边距的值，大多数浏览器都按单元格边距为"1"，单元格间距为"2"显示表格。若要确保浏览器不显示表格中的边距和间距，需要将【单元格边距】和【单元格间距】设置为"0"。

（6）对齐：设置表格的对齐方式，默认的对齐方式为左对齐。

（7）边框：设置表格边框的宽度。

注意：如果没有明确指定边框的值，则大多数浏览器按边框设置为1显示表格。若要确保浏览器显示的表格没有边框，需要将【边框】的值"1"设置为"0"。

（8）背景颜色：设置表格的背景颜色。

（9）边框颜色：设置表格边框的颜色。

（10）背景图像：设置表格的背景图像。

二、设置单元格属性

将光标置于某个单元格内，可以利用单元格的【属性】面板对这个单元格的属性进行设置，如图4-1-20所示。

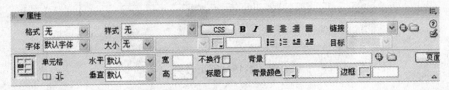

图 4-1-20　单元格【属性】面板

（1）水平：设置单元格、行或列中内容的水平对齐方式，包括默认、左对齐、居中对齐、右对齐4种。

（2）垂直：设置单元格、行或列中内容的垂直对齐方式，包括默认、顶端、居中、底部、基线5种。

（3）高、宽：设置单元格、行或列的宽度和高度。

（4）不换行：可以防止单元格中较长的文本自动换行。

（5）标题：使选择的单元格成为标题单元格，单元格内的文字自动以标题格式显示出来。

（6）背景：设置单元格的背景图像。

（7）背景颜色：设置单元格的背景颜色。

（8）边框：设置单元格边框的颜色。

任务实施

本活动以"制作个人简历"为例，介绍如何编辑表格和单元格。

【操作步骤】

（1）打开活动1中制作的网页"jianli1.html"，将其另存为"jianli2.html"，并将鼠标光标移至最外层表格外框线上选中整个表格，设置表格的背景颜色为白色，对齐方式为居中对齐，边框颜色为黑色，如图4-1-21所示。

图 4-1-21　表格【属性】面板

（2）设置表格内所有单元格的对齐方式均为水平"居中对齐"，垂直"居中"。

（3）设置"基本情况"所在行和"学习及工作经历"所在行的行高为50；设置"有何特长"、"受过何种奖励"、"受过何种培训"、"受过何种惩罚"，以及"参加各种活动情况"所在行的行高为70；其他各行的行高为30。网页效果如图4-1-22所示。

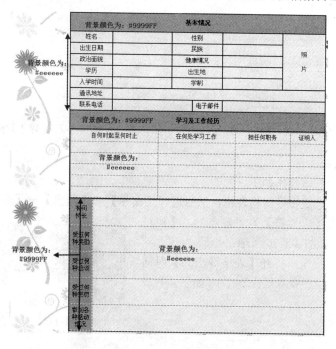

图4-1-22 网页效果

（4）按照图4-1-23所示设置表格及单元格的背景颜色（读者也可以根据自己的喜好设置颜色）。

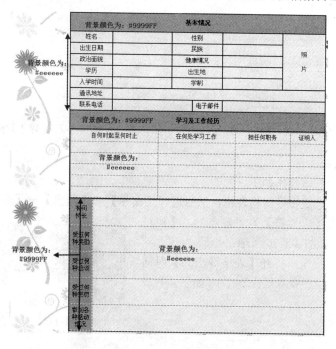

图4-1-23 网页效果

（5）保存网页，在浏览器中预览网页效果。

活动 3　灵活使用表格

知识准备

一、数据表格的制作

在 Dreamweaver 中，设计者可以方便地导入表格式数据到当前网页文档，从而大大减轻了处理表格数据时的工作量。表格式数据是指数据以行列方式排列，像表格一样，每个数据之间用制表符、冒号、逗号或分号等符号来隔开。

1. 导入表格式数据

导入表格式数据的具体操作如下：

（1）新建一个 HTML 文档，然后选择【文件】→【导入】→【Excel 文档】命令，打开【导入 Excel 文档】对话框。

（2）选择要导入的 Excel 文件（这里为竞赛日程.xls），单击【打开】按钮将文件导入到文档中，如图 4-1-24 和图 4-1-25 所示。

图 4-1-24 【导入 Excel 文档】对话框

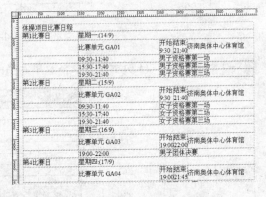

图 4-1-25 导入到网页中的效果

2. 导出表格式数据

导出表格式数据的具体操作如下。

（1）在网页文档中选定要导出的表格，然后选择【文件】→【导出】→【表格】命令，打开【导出表格】对话框，设置【定界符】为"逗点"，【换行符】为"Windows"，如图 4-1-26 所示。

（2）单击【导出】按钮，打开【表格导出为】对话框，将表格导出到文本文档"竞赛日程.txt"中，如图 4-1-27 所示。

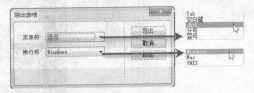

图 4-1-26 【导出表格】对话框

3. 对表格数据排序

处理表格时经常需要对表格中的数据进行排序，Dreamweaver CS3 提供的表格排序功能很好地解决了这一问题。

将光标定位在表格的任意单元格内，选择【命令】→【排序表格】命令，打开【排序表格】对话框，在【排序表格】对话框中设定相应参数即可，如图 4-1-28 所示。

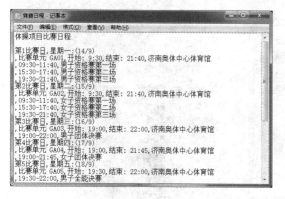

图 4-1-27　竞赛日程.txt

图 4-1-28　【排序表格】对话框

各参数含义如下：

（1）排序按：指定根据第几列的值进行排序。

（2）顺序：指定依据何种方式排序（如数字或字母），并指定是按升序或降序排列。

（3）排序包含第一行：指定表格第一行是否包括在排序中。如果第一行是标题，可以将标题不列入排序中，即不勾选此项。

（4）排序标题行：指定使用与主体行相同的条件对表格的 thead（<thead>标签定义表格的表头）部分中的所有行进行排序。即使在排序后，thead 行也将保留在 thead 部分并仍显示在表格的顶部。

（5）排序脚注行：指定使用与主体行相同的条件对表格的 tfoot（<tfoot>标签定义表格的页脚（脚注或表注））部分中的所有行进行排序。即使在排序后，tfoot 行也将保留在 tfoot 部分并仍显示在表格的底部。

（6）完成排序后所有行颜色保持不变：指定排序之后表格行属性（如颜色）应该与同一内容保持关联。如果表格行使用两种交替的颜色，则不要选择此选项以确保排序后的表格仍具有颜色交替的行。如果行属性特定于每行的内容，则选择此选项以确保这些属性保持与排序后表格中正确的行关联在一起。

下面具体介绍排序表格的方法。

（1）在 Dreamweaver 中打开一个带有表格数据的文件。选择【命令】→【排序表格】命令，如图 4-1-29 所示。

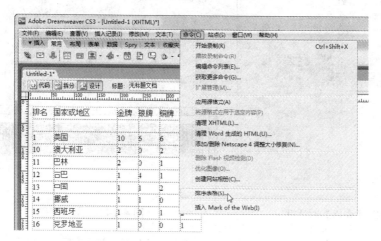

图 4-1-29　【排序表格】命令

（2）打开【排序表格】对话框，按图 4-1-30 所示的方式进行设置，设置完成后，单击【确定】按钮。

（3）排序后的结果如图 4-1-31 所示。

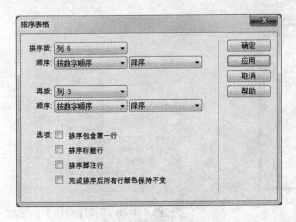

图 4-1-30 【排序表格】对话框   图 4-1-31 排序后的结果

二、制作一像素表格

在实际的网页设计中，如果需要制作一像素表格，采取常规的做法，很难实现一像素表格的制作。通过背景颜色的正确使用可以快速制作出一像素表格。

下面通过一个实例介绍如何制作一个一像素的细线表格。具体步骤如下：

（1）将表格的行数和列数分别设置为 3 和 5，表格宽度为 500px，边框粗细为 0，单元格边距为 0，单元格间距为 1，如图 4-1-32 所示。

注意：如果想要制作 1 像素的细线表格，就要把单元格的间距设置为"1"；如果想要制作边框宽度大于 1 像素的表格，就要把单元格的间距相应地进行更改。

（2）选中表格，改变其背景色。表格的背景颜色也就是边框的颜色，该背景色为红色，如图 4-1-33 所示。

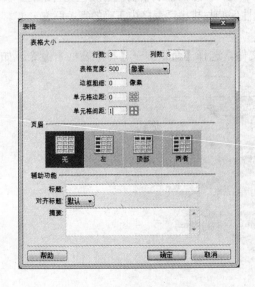

图 4-1-32 【表格】对话框   图 4-1-33 网页效果

（3）将光标放入单元格内，改变单元格的背景颜色（例如，通过【属性】面板将单元格的背景色修改为"白色"，如图 4-1-34 所示）。

图 4-1-34　设置单元格的背景颜色

（4）设置完成后，一像素细线表格已经形成，效果如图 4-1-35 所示。

图 4-1-35　一像素表格效果

任务实施

本活动将在给定的网页中进行修改，对网页添加 1 像素边框线，在其中导入数据并对表格进行美化。

【操作步骤】

（1）将本活动的素材文件"item4\task1\material"中的"jiashi"文件夹复制到站点根文件夹中。

（2）打开"jiashi"文件夹中的 index.html 网页，将鼠标光标定位在右侧的第 2 个单元格中，在当前位置插入一个 1 行 1 列的表格，宽度为 98%，单元格间距为 1，边框粗细、单元格边距都为 0，如图 4-1-36 所示。

（3）选中此表格，在【属性】面板中设置表格的背景颜色为#D7BA98，如图 4-1-37 所示。

图 4-1-37　设置表格的背景颜色

（4）将插入点置于该表格内，单击标签选择器中对应的<td>标签，设置此单元格的行高为"550 像素"，对齐方式为水平"居

图 4-1-36　设置【表格】对话框

中对齐"，垂直"顶端"，背景颜色为"白色"。保存网页后预览效果，在网页右侧将出现一个 1 像素的表格外框线，如图 4-1-38 和图 4-1-39 所示。

图 4-1-38　设置单元格的属性

（5）将光标定位在当前单元格中，插入一个 2 行 1 列的嵌套表格，表格宽度为 90%，边框粗细、

单元格边距和单元格间距都设置为0。

（6）设置第1行单元格的行高为40，对齐方式为水平"左对齐"，垂直"居中"，并输入文字"您所在的位置：灯饰/灯饰类型"，根据自己喜好设置文字的格式，效果如图4-1-40所示。

图 4-1-39　网页效果　　　　　　　　　　　　　图 4-1-40　网页效果

（7）将光标定位在第2行单元格中，选择【文件】→【导入】→【Excel文档】命令，在图4-1-41所示的对话框中选择"灯饰.xls"文档作为数据文件，单击【打开】按钮将该Excel文档导入到网页中。

（8）将光标定位在表格的任意单元格内，选择【命令】→【排序表格】命令，打开【排序表格】对话框，在其中设置排序按"列4"，顺序为"按数字顺序"、"降序"，排序后网页效果如图4-1-42所示。

图 4-1-41　【导入 Excel 文档】对话框　　　　　图 4-1-42　排序后的网页效果

（9）设置表格中所有文字的对齐方式为水平"居中对齐"、垂直"居中"；设置该表格第1行的行高为35，背景颜色为#FF9900；其他各行的行高为25；第1列至第4列的背景颜色分别为#FFCCCC、#CCCCCC、#FBF0D6和#FFFF66（也可以根据喜好设置成其他颜色），效果如图4-1-43所示。

（10）最后对文字再做适当的美化，保存网页，预览效果如图4-1-44所示。

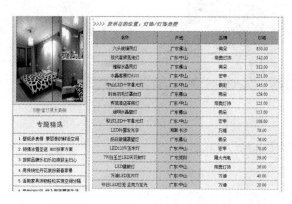

图 4-1-43 设置完成后的网页效果   图 4-1-44 最终的网页效果

 任务小结

本任务介绍了表格的基本操作，表格和单元格的属性设置及制作特殊表格的方法。

任务二 使用表格布局"时尚潮流"网站的首页部分

当遨游 Internet 时，一幅幅漂亮的网页令人流连忘返，网页的精彩和色彩的搭配、文字的变化、图片的处理等关系密切，除此之外，还有一个非常重要的因素——网页布局。好的布局能吸引我们的眼球，让我们有更大的欲望去浏览网页。表格布局是目前最常见的网页布局方式之一，它灵活方便，比其他布局方式更简单易学。

通过本任务的学习，读者能够掌握常见网页布局类型及相应的特点；能够利用表格合理地布局网页。

活动 1 布局概述

 知识准备

一、网页布局的分类

常见的网页布局类型有左右对称框架型布局、"同"字型结构布局、"回"字型结构布局、"匡"字型结构布局、"国"字型结构布局、"川"字型结构布局、自由式结构布局、"另类"结构布局等。

1. 左右框架型布局

左右框架型布局结构是一些大型论坛和企业经常使用的一种布局结构。一般使用这种结构的网站均把导航区设置在左半部，而右半部用作主体内容的区域。这种左右框架型布局结构便于浏览者直观地读取主体内容，但是却不利于发布大量的信息，所以，这种结构对于内容较多的大型网站来说并不合适，如图 4-2-1 所示。

图 4-2-1 左右框架型布局的网站

2. "同"字型结构布局

"同"字结构名副其实，采用这种结构的网页，往往将导航区置于页面顶端，一些如广告条、友情链接、搜索引擎、注册按钮、登陆面板、栏目条等内容置于页面两侧，中间为主体内容，这种结构比左右框架型结构要复杂一点，不但有条理，而且直观，有视觉上的平衡感，但是这种结构也比较僵化。在使用这种结构时，高超的用色技巧会规避"同"字结构的缺陷，如图 4-2-2 所示。

图 4-2-2 "同"字型结构布局的网站

3. "国"字型布局

"国"字型布局由"同"字型布局进化而来，因布局结构与汉字"国"相似而得名。其页面的最上部分一般放置网站的标志和导航栏或 Banner 广告，页面中间主要放置网站的主要内容，最下部分一般放置网站的版权信息和联系方式等，如图 4-2-3 所示。

4. "回"字型结构布局

"回"字型结构实际上是对"同"字型结构的一种变形，即在"同"字型结构的下面增加了一个横向通栏，

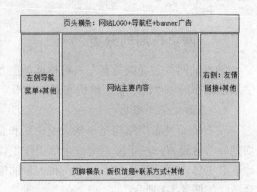

图 4-2-3 "国"字型结构布局的网站

这种变形将"同"字型结构不是很重视的页脚利用起来，这样增大了主体内容，合理地使用了页面有限的面积，但是这样往往使页面充斥着各种内容，拥挤不堪，如图 4-2-4 所示。

图 4-2-4　"回"字型结构布局的网站

5. "匡"字型结构布局

和"回"字型结构一样，"匡"字型结构其实也是"同"字型结构的一种变形，也可以认为是将"回"字型结构的右侧栏目条去掉得出的新结构，这种结构是"同"字型结构和"回"字型结构的一种折中，这种结构承载的信息量与"同"字型相同，而且改善了"回"字型的封闭型结构，如图 4-2-5 所示。

图 4-2-5　"匡"字型结构布局的网站

6. T 型布局

T 型布局结构因与英文大写字母 T 相似而得名。其页面的顶部一般放置横网站的标志或 Banner 广告，下方左侧是导航栏菜单，下方右侧则用于放置网页正文等主要内容，如图 4-2-6 所示。

7. POP 布局

POP 布局是一种颇具艺术感和时尚感的网页布局方式。页面设计通常以一张精美的海报画面为布局的主体，如图 4-2-7 所示。

图 4-2-6　T 型布局

图 4-2-7　POP 布局

8. Flash 布局

Flash 布局是指网页页面以一个或多个 Flash 作为页面主体的布局方式。在这种布局中，大部分甚至整个页面都是 Flash，如图 4-2-8 所示。

9. 自由式结构布局

自由式结构布局的随意性很大，颠覆了从前以图文为主的表现形式，将图像、Flash 动画或者视频作为主体内容，其他的文字说明及栏目条均被分布到不显眼的地方，起装饰作用，这种结构在时尚类网站中使用非常多，尤其是在时装、化妆用品的网站中。这种结构富于美感，可以吸引大量的浏览者欣赏，但是却因文字过少，难以让浏览者长时间驻足，另外起指引作用的导航条不明显，不便于操作，如图 4-2-9 所示。

10. "另类"结构布局

如果说自由式结构是现代主义的结构布局，那么"另类"结构布局就可以被称为后现代的代表了。在"另类"结构布局中，传统意义上的所有网页元素全部被颠覆，被打散后融入到一个模拟的场景中。

在这个场景中，网页元素化身为某一种实物，采用这种结构布局的网站多用于设计类网站，以显示站长的前卫设计理念，这种结构要求设计者要有非常丰富的想象力和非常强的图像处理技巧，因为这种结构稍有不慎就会因为页面内容太多而拖慢速度，如图 4-2-10 所示。

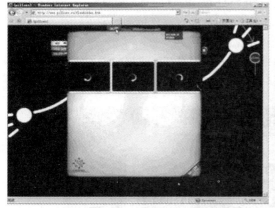

图 4-2-8　Flash 布局

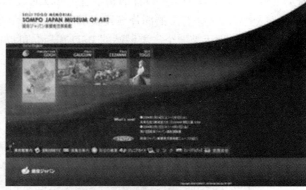

图 4-2-9　自由式结构布局的网站

图 4-2-10　"另类"结构布局的网站

二、网页布局的方法

网页布局的方法有两种：第一种为纸上布局；第二种为软件布局。

1．纸上布局法

许多网页制作者喜欢先画出页面布局的草图，然后以草图为参考依据在 Dreamweaver 里布局并添加内容。图 4-2-11 所示就是一个网页布局草图。

2．软件布局法

如果不喜欢用纸来画出布局草图，那么还可以利用 Photoshop 软件。Photoshop 所具有的对图像的编辑功能用到设计网页布局上更显得心应手，利用 Photoshop 可以方便地使用颜色、图形，并且

图 4-2-11　网页布局草图

可以利用层的功能设计出用纸张无法实现的布局结构。

Photoshop 不仅可以制作出应用到网页中的精美的图片，达到美化网页的目的，而且还可以在 Photoshop 中直接做出一个网页的外观，再利用切片工具将做好的图片转换成一个网页文件。另外，互联网上有大量的网页图片模板资源，这些图片模板都是一些 PSD 或 JPEG 等格式的文件，是学习网页布局的优秀案例。作为网页设计的初学者，可以通过 Photoshop 对这些图片模板进行加工处理，将模板中的布局模式及一些有用的图片等元素引用到自己的网页中来。

图 4-2-12 所示是一个旅游网站的 PSD 模板，可以在 Photoshop 中打开并进行编辑，将一些不需要的内容删除，然后再利用切片工具生成网页文件。

图 4-2-12　旅游网站的 PSD 模板

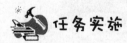任务实施

利用网页布局的两种方法设计出一个化妆品网站的页面布局草图。

【设计思路】

根据化妆品网站的特点来设计页面的结构与布局，可以采取"匡"字型结构布局和 T 型布局，如

图 4-2-13 和图 4-2-14 所示。

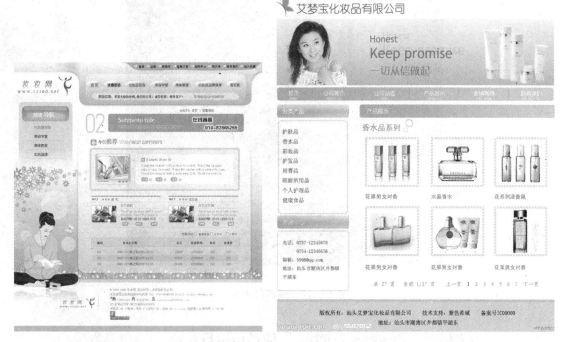

| 图4-2-13 "匡"字型结构布局 | 图4-2-14 T型布局 |

　　也可以根据需要自己设计网页的布局，如图 4-2-15 所示为笔者设计的化妆品网站草图，然后根据草图利用 Photoshop 软件制作网页的布局效果图，如图 4-2-16 和图 4-2-17 所示。

图 4-2-15　网站草图

图 4-2-16　网页效果图 1

　　在"item4\task2\huodong1"文件夹中有一些化妆品网站的图片资源，读者可以利用 Photoshop 对这些图片进行加工处理，将其中的布局模式及一些有用的图片等元素引用到自己的网页中来。

图 4-2-17　网页效果图 2

活动 2　用表格对"时尚潮流网站"的首页进行布局

 知识准备

表格是网页排版的常用工具，使用表格可以对网页中的文本、图像等元素进行准确的定位。从我们浏览过的网页来看，不管是个人网页还是公司网页，甚至是大型门户网页，都有一个共同点，就是都要求页面布局清晰明了、层次分明，能够将有用的信息迅速传达给访问者。图 4-2-18 所示为中国广告门户网，该页面布局层次分明，条理性强。

图 4-2-18　中国广告门户网（www.yxad.com）

一、页面组成

（1）标题：每个网页都有一个页面标题，用来说明网页的性质和作用，标题将被显示在标题栏中。

（2）网站标识（Logo）：一般被安放在网页中最显眼的地方，目的是加深浏览者对网站的印象。同时又代表着网站的形象，所以网站标识通常是经过精心设计的。

（3）页眉：页眉是网页中最显眼的部分，页眉用来放置网站设计者最希望浏览者观看的内容。

（4）导航：提供了网站栏目索引，通过导航浏览者可以方便地到达网站的各个位置，导航使得网站方便易用。

（5）内容：是网站的精神所在，网站中如果没有浏览者需要的内容就失去了它存在的价值。

（6）页脚：提供了网站拥有者的相关信息，如版权信息、联系方式等。

二、页面尺寸

由于访问者计算机配置的不同，浏览网页时的显示模式也会有所区别。现在使用较多的是分辨率为 800 像素×600 像素和 1024 像素×768 像素两种，所以，在设计网页时，就要考虑使用这两种分辨率。在分辨率为 800 像素×600 像素的屏幕显示模式下，IE 窗口能看到的部分为 780 像素×428 像素；而在分辨率为 1024 像素×768 像素的屏幕显示模式下，页面的显示尺寸应为 1007 像素×600 像素。这两种尺寸都是按照在浏览时网页正好占满整个屏幕的情况而定的，当一屏显示不完时，页面上会出现垂直和水平的滚动条，通过对滚动条的拖动，可以查看到所有的内容。

但是，在设计制作网页时要尽量避免出现网页在水平方向上放不下的情况，因为使用水平滚动条来拖动页面时会大大影响网页的外观。

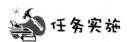 任务实施

表格是页面布局中极为有用的设计工具，它可以控制文本、图像等内容在页面上出现的位置，使网页上的各个元素排列得井然有序。本任务以布局"时尚潮流网站"的首页为例，介绍使用表格进行网页布局的基本方法。在本例中，将使用表格分别对页眉、主体和页脚进行布局。

一、制作页眉部分

网页的页眉部分一般包括网站名称、网站的标志等。下面将使用表格来布局网页页眉的内容。

【操作步骤】

（1）将本活动的素材文件"item4\task2\material"文件夹下的内容复制到站点根文件夹。

（2）在网站根文件夹下面新建一个网页文档，并保存为"index.html"。单击【属性】面板【页面属性】按钮，在【页面属性】对话框中设置"上、下、左、右边距"均为 0 像素，然后单击【确定】按钮，如图 4-2-19 所示。

（3）将光标置于页面中，然后在主菜单中选择【插入记录】→【表格】命令，打开【表格】对话框，设置行数为"1"，列数为"1"，表格宽度为"800 像素"，边框粗细、单元格边距、单元格间距均为 0，如图 4-2-20 所示，设置完成后，单击【确定】按钮。

（4）在网页中插入了 1 行 1 列的表格，选中该表格，在【属性】面板中设置表格的对齐方式为"居中对齐"，然后选择【插入记录】→【图像】命令，在该表格中插入图像"images/logo.jpg"，如图 4-2-21 所示。

（5）将光标定位在 Logo 的下方，插入一个 1 行 7 列的表格，表格宽度为"800 像素"，边框粗细、单元格边距、单元格间距均为 0，并设置其对齐方式为"居中对齐"，背景图像为 images/1.jpg。

（6）将光标定位在表格内，单击编辑窗口底部标签<tr>，选取整行，并设置行高为"30 像素"，水平为"居中对齐"，垂直为"居中"，如图 4-2-22 所示。

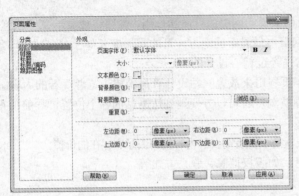

图 4-2-19 【页面属性】对话框　　　　　　图 4-2-20 【表格】对话框

图 4-2-21　插入图像

图 4-2-22　设置导航条

（7）在各个单元格中输入如图 4-2-23 所示的文本内容，并设置文本的格式：宋体、12px、白色。

图 4-2-23　输入文本内容

二、制作主体部分

一般网页的主体部分占用的面积是最大的，因为它要显示网页的主要内容。在制作网页主体部分时，经常用到嵌套表格。

【操作步骤】

（1）将光标定位在导航条所在表格的最右侧，插入一个 1 行 1 列的表格，设置表格宽度为 800 像素，边框粗细、单元格边距、单元格间距均为"0"，对齐方式为"居中对齐"。

（2）将光标定位在该表格中，并设置单元格对齐方式为水平"左对齐"，垂直"顶端"，插入一个 2 行 2 列的表格，表格宽度为 100%，效果如图 4-2-24 所示。

图 4-2-24　插入表格

三、制作主体左侧部分

（1）合并右侧上下的两个单元格，设置左右两列的宽度分别为 65% 和 35%，在左侧第 1 个单元格中插入一个 1 行 2 列的表格，表格宽度为"100%"，间距为"2 像素"。

（2）设置这两个单元格对齐方式为水平"居中对齐"，垂直"居中"，并设置第 1 个单元格的宽度为"263 像素"，在其中插入图像"images/2.jpg"，如图 4-2-25 所示。

图 4-2-25 插入嵌套表格并设置参数

（3）在第 2 个单元格中插入一个 10 行 1 列的表格，表格宽度为"90%"，边框粗细、单元格边距、单元格间距均为"0"，并设置每个单元格的对齐方式为水平 "左对齐"，垂直 "居中"，第 1 个单元格的高度行高为"40 像素"，其他的行高均为"30 像素"；在各个单元格中输入如图 4-2-26 所示的文本内容，并设置文本的格式：第 1 行文本的格式为宋体、24px、颜色：#16397D，其余各行的文本格式为宋体、12px、颜色：#16397D。

图 4-2-26 插入表格并输入相应的文本

（4）在左侧第 2 个单元格中插入一个 3 行 2 列的表格，表格宽度为"100%"，边框粗细、单元格边距、单元格间距均为"0"。

（5）在此表格的第 1 个单元格中插入一个 6 行 2 列的表格，表格宽度为"255 像素"，间距为"2 像素"，并设置每个单元格的行高为"30 像素"，第 1 列的列宽为"100 像素"。

（6）合并相应的单元格，效果如图 4-2-27 所示。

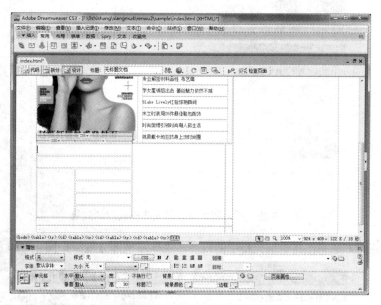

图 4-2-27　插入表格并合并后的效果

（7）在第 1 个单元格中插入一个 1 行 3 列的表格，表格宽度为"100%"，边框粗细、单元格边距、单元格间距均为"0"；将光标定位在该表格内，单击编辑窗口底部标签<tr>，选取整行，并设置行高为"25 像素"，背景颜色为"#36566D"，第 1 个单元格的列宽为"65 像素"，第 3 个单元格的列宽为"35 像素"，设置表格参数后的效果如图 4-2-28 所示。

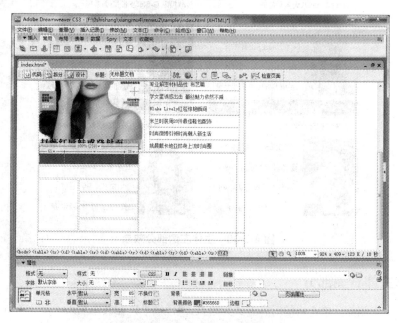

图 4-2-28　设置表格参数后的效果

（8）在相应的单元格中插入图像、输入文字，并设置文字格式，如图 4-2-29 所示。

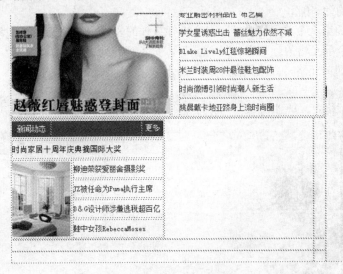

图 4-2-29　插入图像与设置文字格式后的效果

（9）使用相同的方法制作其他单元格中的内容，主体左侧部分效果如图 4-2-30 所示。

图 4-2-30　主体左侧部分效果

四、制作主体右侧部分

（1）设置主体右侧部分单元格的对齐方式为垂直 "顶端"，在其中插入一个 3 行 1 列的表格，表格宽度为 "100%"，边框粗细、单元格边距、单元格间距均为 0，如图 4-2-31 所示。

图 4-2-31　在主体右侧插入嵌套表格

（2）在第一个单元格中插入一个 2 行 1 列的表格，表格宽度为"100%"，间距为"2 像素"；设置上面单元格的行高为"30 像素"，对齐方式为水平"居中对齐"，垂直"居中"，并输入相应的文字并设置格式，在下面的单元格中插入 flash 文件（Flash/T 台秀.swf），如图 4-2-32 所示。

图 4-2-32　在第一个单元格的嵌套表格中添加文字和 Flash

（3）在第二个单元格中插入一个 2 行 1 列的表格，表格宽度为"100%"，间距为"2 像素"；在嵌套的表格中插入相应的图像（images/15.jpg）、输入相应的文字并设置文本格式，效果如图 4-2-33 所示。

（4）在第三个单元格中插入一个 4 行 1 列的表格，表格宽度为"100%"，间距为"1 像素"；在嵌套表格的第 1 个单元格中插入图像（images/12.jpg），设置其余单元格的行高为"25 像素"，输入文字并设置文本格式，效果如图 4-2-34 所示。

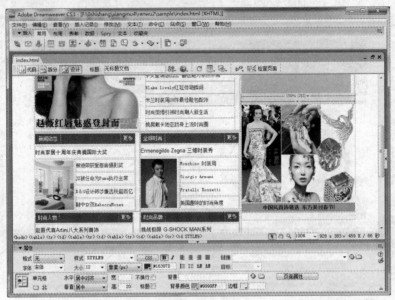

图 4-2-33　在第二个单元格的嵌套表格中添加文字和图片

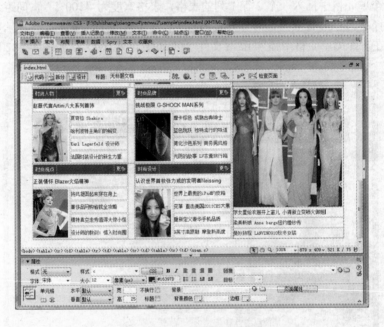

图 4-2-34　在第三个单元格的嵌套表格中插入图像和文字

五、制作页脚部分

页脚部分会放一些导航、版权信息、联系方式等内容，一般会出现在多数网页中。下面使用表格来布局网页页脚的内容。

【操作步骤】

（1）将光标定位在主体最外层表格的右侧，插入一个 2 行 1 列的表格，表格宽度为 800 像素，边框粗细、单元格边距、单元格间距均为"0"，并设置表格对齐方式为居中对齐。

（2）设置这个表格中所有单元格的行高均为"30 像素"，背景颜色为"#36566D"，并输入文本内容，设置文本居中对齐，如图 4-2-35 所示。

图 4-2-35　制作页脚部分

至此，整个"时尚潮流网站"的首页部分制作完成，最终效果如图 4-2-36 所示。

图 4-2-36　最终效果图

 任务小结

本任务首先介绍网页布局的分类、方法；其次以制作"时尚潮流网站"的首页为例，介绍使用表格进行网页布局的基本方法和技巧。

任务三　使用框架布局"时尚潮流网站"的"时尚设计"子页面

在同一个站点中往往有不少网页具有相同的导航条、标题栏等，如果在制作每一张网页时都要重复制作相同的导航栏、标题栏等，显然加大了工作量。框架就能很好地解决该问题。框架的作用就是把网页在一个浏览器窗口下分割成几个不同的区域，实现在一个浏览器窗口中显示多个 HTML 页面。使用框架可以非常方便地完成导航工作，让网站的结构更加清晰，而且各个框架之间决不存在干扰问题，使网站的风格一致。

通过本任务的学习，读者能够掌握框架和框架集的创建、编辑及属性设置方法；掌握制作内嵌框架和无框架内容的方法。

活动 1　创建框架并设置其属性

 知识准备

一、框架简介

下面如图 4-3-1 所示的实例显示了一个使用框架布局的网页。这是由 3 个框架组成的框架布局，一个框架横放在顶部，其中包含 Web 站点的 Logo 和一些常用按钮；左侧较窄的框架包含导航条；右侧的框架占据了页面的大部分，包含主要内容。这里的每一个框架都显示单独的 HTML 文档。

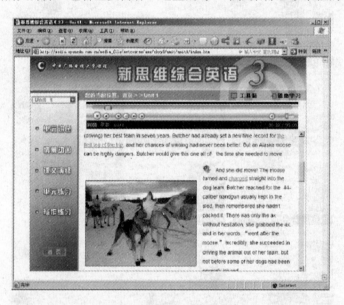

图 4-3-1　使用框架布局的网页

1. 框架（Frame）

框架是一种特殊的网页，它可以根据需要将浏览器窗口划分为若干个区域，每个区域中都显示具有独立内容的网页。

2. 框架集（Frameset）

框架集是 HTML 文件，它定义一组框架的布局和属性，包括框架的数目、框架的大小和位置等，以及在每个框架中初始显示页面的 URL。框架集文件本身不包含要在浏览器中显示的 HTML 内容，框架集文件只是向浏览器提供应如何显示一组框架及在这些框架中应显示哪些文档的有关信息。

3. 框架的优缺点

（1）使用框架的不足之处：

① 可能难以实现不同框架中各元素的精确图形对齐。

② 对导航进行测试可能很耗时间。

③ 框架中加载的每个页面的 URL 不显示在浏览器中，因此，访问者可能难以将特定页面设为书签。

（2）如果确定要使用框架，它最常用于导航。一组框架中通常包含两个框架：一个含有导航条；另一个显示主要内容页面。按这种方式使用框架有以下优点：

① 访问者的浏览器不需要为每个页面重新加载与导航相关的图形。

② 每个框架都具有自己的滚动条，访问者可以独立滚动这些框架。例如，当框架中的内容页面较长时，如果导航条位于不同的框架中，那么滚动到页面底部的访问者不需要再滚动回顶部就能使用导航条。

二、创建与修改框架和框架集

利用 Dreamweaver 的预定义框架集功能可创建框架集，如果在预定义框架集中未找到合适的框架集，也可以在预定义框架集的基础上进行修改或手动创建框架集。

1. 创建框架集

在 Dreamweaver 中可以通过两种方式插入框架集：一种是插入预先定义的框架集；另外一种是利用【插入】工具栏【布局】选项中的【框架】选项，可以随意选择自己需要的框架集类型。

2. 修改框架集

如果预定义框架集不能满足网页的需要，就需要修改框架集。

（1）选择【修改】→【框架集】命令，在弹出的子菜单中有【拆分左框架】、【拆分右框架】、【拆分上框架】和【拆分下框架】4 个命令，它们的作用分别如下：

① 拆分左框架：将网页拆分为左右两个框架，并将原网页放置在左侧的框架中。

② 拆分右框架：将网页拆分为左右两个框架，并将原网页放置在右侧的框架中。

③ 拆分上框架：将网页拆分为上下两个框架，并将原网页放置在上方的框架中。

④ 拆分下框架：将网页拆分为上下两个框架，并将原网页放置在下方的框架中。

（2）在已经具有框架的页面中，除了选择【修改】→【框架页】命令中的子命令拆分框架外，还可按住 Alt 键将鼠标指针移至框架的边框，这时鼠标指针变为 ↕ 形状或 ↔ 形状，按住鼠标左键拖动边框到所需位置后释放鼠标可在该位置处进行拆分。

（3）删除框架。

如果不需要某个框架，可以将其删除，用鼠标将要删除框架的边框拖至页面外即可。

如果被删除的框架中的网页文件没有保存，将弹出对话框询问是否保存该文件，单击【是】按钮对其进行保存，单击【否】按钮取消保存。

（4）调整框架。

将鼠标移至框架的边框线处，当光标出现方向箭头时，拖动框架边框即可调整框架的大小。

3. 保存框架

由于一个框架集网页中有多个文件，所以其保存方法与一般网页文件有所不同。

1）保存框架中的网页文件

将光标定位到需要保存的框架中，选择【文件】→【保存框架】命令，在弹出的对话框中指定保存路径和文件名后，单击【保存】按钮即可。

2）保存框架集文件

保存框架集文件的方法与保存框架文件类似，选择需保存的框架集后，选择【文件】→【框架集另存为】命令，在弹出的对话框中指定保存路径和文件名后，单击【保存】按钮即可。

3）保存框架集和框架集中的所有框架

选择【文件】→【保存全部】命令即可保存框架集和框架集中的所有框架。

三、设置框架属性

1. 选择框架或框架集

在对框架和框架集进行属性设置及其他操作前，首先需要选择相应的框架或框架集。用户可以在编辑窗口中选择框架或框架集，也可在【框架】面板中进行选择。

1）在编辑窗口中选择

按住 Alt 键，在所需的框架内单击即可选择该框架；若要选择框架集，只需单击该框架集的边框即可。

2）在【框架】面板中选择

选择【窗口】→【框架】命令，在浮动面板组中显示【框架】面板，如图 4-3-2 所示。在框架面板中显示了框架集的结构、每个框架的名称等信息。

若要在【框架】面板中选择框架，直接在面板中单击需要选择的框架即可。

若要在【框架】面板中选择框架集，则在面板中单击该框架集的边框即可。

图 4-3-2 【框架】面板

2. 设置框架和框架集的属性

在选择框架和框架集后，就可以在【属性】面板中设置其属性来对框架或框架集进行修改，如框架的大小、边框宽度、是否有滚动条等。

四、在框架中使用超级链接

在使用了框架技术文档中的链接与一般文档中的链接不同，增加了与框架有关的链接目标，可以通过在某个框架中使用链接改变其他框架中的内容。设置方法：在设置完链接的页面后，在【目标】选项处选取要替换的框架内容。

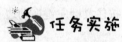

本活动以布局"时尚潮流网站"中的"时尚设计"子页面为例，介绍使用框架进行网页布局的基本方法。

【操作步骤】

一、建立站点及网页

（1）将本活动的素材文件"item4\task3\material"文件夹下的内容复制到站点根文件夹下。

（2）选择【文件】→【新建】命令，打开【新建文档】对话框。

（3）切换到【示例中的页】选项卡，然后在【示例文件夹】列表中选择【框架集】选项，在右侧的【示例页】列表中选择【上方固定，左侧嵌套】选项，如图 4-3-3 所示。

（4）弹出【框架标签辅助功能属性】对话框，可以为每一个框架指定一个标题，这里使用默认值，然后单击【确定】按钮。此时，文档编辑窗口中就创建了一个【上方固定，左侧嵌套】的框架集。

（5）选择【文件】→【保存全部】命令，整个框架边框的内侧会出现一个阴影框，同时弹出【另存为】对话框，在其中输入文件名"index.html"，然后单击【保存】按钮将整个框架集保存。

（6）接着出现第 2 个【另存为】对话框，要求保存标题为"mainframe"的框架，输入文件名为"main.html"进行保存。

（7）接着出现第 3 个【另存为】对话框，要求保存标题为"leftframe"的框架，输入文件名为

"left.html"进行保存。

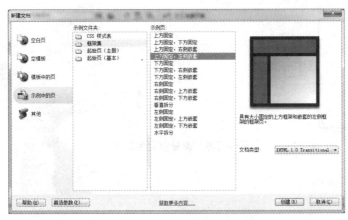

图 4-3-3 【新建文档】对话框

（8）接着出现第 4 个【另存为】对话框，要求保存标题为"topframe"的框架，输入文件名为"top.html"进行保存。

注意：此时每一个框架里都是一个空文档，需要像制作普通网页一样进行制作，当然也可以在该框架内直接打开已经预先制作好的文档。

（9）将光标置于顶部框架内，在主菜单中选择【文件】→【在框架中打开】命令，打开"html"文件夹中的文档"sheji-top.html"，然后依次在各个框架内打开文档"sheji-left.html"和"sheji-main1.html"，如图 4-3-4 所示。

图 4-3-4 在框架内打开文档

注意：由于具体的网页内容制作不是本活动的重点，因此，在框架中显示的页面均已提前做好，只需在框架中打开即可。

（10）在主菜单中选择【文件】→【保存全部】命令再次将文档进行保存。

二、设置框架属性

（1）打开"index.html"页面，选择【窗口】→【框架】命令，打开【框架】面板，选取【框架】面板中最外侧边框，如图 4-3-5 所示，设置框架集属性，在【属性】面板中设置边框为"否"，边框宽度为"0"。在行列选定范围中选取框架集的第一行，设置行高为 100 像素。

（2）在【框架】面板中选取下面的框架集，在【属性】面板中设置边框为"否"，边框宽度为"0"。在行列选定范围中选取框架集的第一列，设置列为"192 像素"，按同样的步骤设置第二列为"903 像素"，如图 4-3-6～图 4-3-8 所示。

图 4-3-5　设置框架集属性

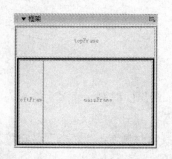

图 4-3-6　【框架】面板　　　　　图 4-3-7　设置框架集中第一列的属性

图 4-3-8　设置框架集中第二列的属性

（3）在【框架】面板中单击【topFrame】框架将其选中，然后在【属性】面板中设置相关参数，如图 4-3-9 所示。

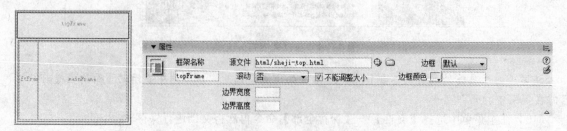

图 4-3-9　设置【topFrame】框架属性

（4）在【框架】面板中单击【leftFrame】框架将其选中，然后在【属性】面板中设置相关参数，如图 4-3-10 所示。

（5）在【框架】面板中单击【mainFrame】框架将其选中，然后在【属性】面板中设置相关参数，如图 4-3-11 所示。

（6）设置框架属性后的效果，如图 4-3-12 所示。

图 4-3-10 设置【leftFrame】框架属性

图 4-3-11 设置【mainFrame】框架属性

三、完成框架链接

（1）打开 index.html 页面，选取页面左侧文字"设计艺术"，在【属性】面板中设置链接属性，将其链接至"sheji-main1.html"文件，目标设置为"mainframe"，如图 4-3-13 和图 4-3-14 所示。

图 4-3-12 设置属性后的效果

图 4-3-13 选取文字

图 4-3-14 设置链接属性

（2）按相同的步骤完成"时尚家居"、"工业设计"和"陶艺雕塑"的链接，分别链接至"sheji-main2.html"、"sheji-main3.html"和"sheji-main4.html"文件，目标设置均为"mainframe"。

（3）在页面上方的导航条中选择文字"首页"，链接至任务二中的"时尚潮流"网站的首页部分，目标设置为"_blank"，如图 4-3-15 所示。

（4）分别选择导航条上的其他文字，在【属性】面板中设置为空链接（#）。

（5）选择【文件】→【保存全部】命令，预览效果，如图 4-3-16 所示。

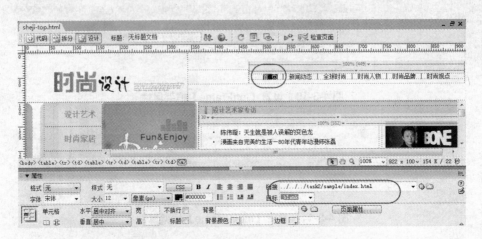

图 4-3-15　设置【首页】链接属性

图 4-3-16　页面效果

活动 2　创建内嵌框架和无框架内容

 知识准备

一、内嵌框架

iframe 是框架的一种标记，在页面设计中经常用到。iframe 标记又称浮动帧标记，使用 iframe 可以将一个文档嵌入在另一个文档中显示，可以随处引用而不拘泥网页的布局限制。

在当今网络广告横行的时代，iframe 更是无孔不入，将嵌入的文档与整个页面的内容相互融合，形成了一个整体。

与框架相比，内嵌框架 iframe 更容易对网站的导航进行控制，它最大的优点在于其灵活性，它可以嵌入在网页中的任意部分。内嵌框架的代码标记为<iframe></iframe>。Frames 集合提供了对 iframe 内容的访问。

在代码中，iframe 用相应的参数来设置其属性，常用的属性如表 4-3-1 所示。

表 4-3-1　iframe 中常用的属性

属 性	说 明	属 性	说 明
Name	iframe 框架名称，不可为中文	FrameSpacing	设置相同 iframe 之间的间距（像素）
src	iframe 的文件路径	Hspace	设置 iframe 左右边界的大小（像素）
BorderColor	设置 iframe 的边框颜色		
Height	设置 iframe 的高度	ID	设置<iframe>标志实例的唯一 ID 选择符，可以为此 ID 为它指定样式
Width	设置 iframe 的宽度		
Align	设置 iframe 的对齐方式（不建议使用，建议用 CSS 代替）	NoreSize	设置 iframe 不可调整其尺寸，此属性只在 IE 中有用
Frameborder	设置 iframe 的边框，0 为不显示，1 为显示	Style	设置 iframe 中内容所采用的样式
Marginwidth	设置 iframe 距离所在网页元素左右的宽度	Vspale	设置 iframe 中上下边界的尺寸（像素）
Marginheight	设置 iframe 距离所在网页元素上下的高度	Border	设置 iframe 的边框厚度（像素）
Scrolling	设置 iframe 滚动条显示方式：yes（显示）、no（不显示）、auto（自动）		

二、无框架内容

有些浏览器不支持框架技术，Dreamweaver CS3 提供了解决这种问题的方法，即编辑"无框架内容"，以使不支持框架的浏览器也可以显示无框架内容。

任务实施

一、内嵌框架的制作

（1）打开上述活动中的 index.html 网页，将光标定位在左侧框架 sheji-left.html 页面中。

（2）将鼠标定位在表格的第 2 行单元格中，单击【插入】栏中【布局】选项卡的【IFRAME】按钮，插入内嵌框架，如图 4-3-17 所示。

（3）在代码视图中修改<iframe>标签，将代码修改

图 4-3-17　插入内嵌框架

为<iframe src="iframe.html" scrolling="no" framebord- er="0" width="192" height="275"></iframe>，如图 4-3-18 所示。

```
53        </tr>
54      </table></td>
55    </tr>
56    <tr>
57 ⊟   <td><iframe src="iframe.html" scrolling="no" frameborder="0" width="192" height="275"></iframe>    </td>
58    </tr>
59  </table>
60  </body>
61  </html>
```

图 4-3-18　修改内嵌框架代码

（4）保存当前网页，预览效果，如图 4-3-19 所示。

图 4-3-19　页面效果

二、创建无框架内容

（1）打开 index.html，执行【修改】→【框架集】→【编辑无框架内容】命令。

（2）Dreamweaver 将清除文档窗口，正文区域上方出现"无框架内容"标志，而状态栏上也将显示<noframes>标签。

（3）在文档窗口中输入中文字符"对不起，您使用的浏览器不支持框架，所以无法正确显示！"，如图 4-3-20 所示。

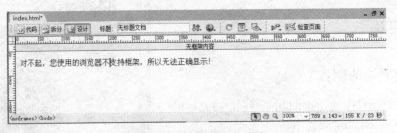

图 4-3-20　编辑无框架内容

（4）再次选择【修改】→【框架集】→【编辑无框架内容】命令，返回框架组文档的普通视图。

（5）选择【文件】→【保存全部】命令，保存所有框架页面。

 任务小结

本任务介绍了关于框架的基本知识，并结合具体实例介绍在 Dreamweaver CS3 中如何创建、使用框架；设置框架属性；制作内嵌框架和无框架内容等方面的内容。

 项目综合实训

根据所给素材和网页最终效果图，使用表格布局"时尚潮流"网站的"时尚人物"子页面，如图 4-4-1 所示（素材和效果在 item4\exercise 文件夹中）。

图 4-4-1　使用表格布局"时尚人物"页面

 项目小结

　　本项目以使用表格和框架布局"时尚潮流"网站为例,向读者介绍了表格和页面布局的相关知识,通过本项目的学习,读者能够灵活使用表格,熟练掌握框架及框架集的基本操作和属性设置,能够熟练地使用表格和框架布局网页。

 思考与练习

一、填空题

1. 在页面中创建表格,可以执行＿＿＿＿,也可以单击【常用】选项卡中的＿＿＿＿按钮。
2. 在【表格】对话框中,【表格宽度】有两种可选择的单位,一种是＿＿＿＿,另一种是＿＿＿＿。
3. 将光标置于开始的单元格中,按住＿＿＿＿键不放,单击最后的单元格可以选择连续的单元格。
4. 单击文档窗口左下角的＿＿＿＿标签可以选择表格。
5. 单击文档窗口左下角的＿＿＿＿标签可以选择单元格。

二、选择题

1. 按住(　　)键,同时在想要选中的排版单元格内任意处单击,可以快速选中单元格。
　　A. Shift　　　　　　　　B. Ctrl　　　　　　　　C. Alt　　　　　　　　D. Shift+Alt
2. 在表格中依次设置了表格背景、行背景和单元格背景,以下说法中正确的是(　　)。
　　A. 单元格和行的背景无法显示　　　　　B. 颜色将是这几种颜色的混合模式
　　C. 只显示单元格背景　　　　　　　　　D. 只显示行的背景
3. 要设置单元格背景,除了可以在设计视图中选择单元格之外,还可以选择(　　)标签进行设置。
　　A. <TD>　　　　　B. <TR>　　　　　C. <P>　　　　　D. <Table>
4. 下面可以在表格中插入的有(　　)。

    A．图像   B．视频媒体图像   C．PSD 文件   D．动画文件

5．在 Dreamweaver 中，关于拆分单元格的操作正确的是（   ）。

    A．将光标定位在要拆分的单元格中，单击【属性】面板中的【拆分】按钮

    B．将光标定位在要拆分的单元格中，选择【修改】→【表格】→【拆分单元格】命令

    C．可以将单元格拆分为行，也可以拆分为列

    D．拆分单元格只能把一个单元格拆分为两个

三、简答题

1．选择表格的方法有哪些？

2．如何制作 1 像素表格？

项目五　使用 CSS 样式美化网页

项目概述

精美的网页离不开 CSS 技术，使用 CSS 样式可以有效地对页面的布局、字体、颜色、背景和其他效果实现精确的控制，可以制作出更加复杂精巧的网页，使网页的维护和更新也更加方便。通过本项目的学习，读者能够理解 CSS 样式表的概念及其特点；掌握 CSS 样式表的规则、类型和应用范围；熟悉 CSS 面板的组成；熟练掌握创建与编辑 CSS 样式表的方法和技巧，并能够灵活地应用 CSS 样式表美化页面。

项目分析

本项目包括两个任务：初始样式表和应用 CSS 样式美化"众人互联"网站。主要介绍 CSS 样式的概念和分类；CSS 样式表的定义规则和分类；创建 CSS 样式和样式规则的定义、修改和删除样式表；CSS 样式表在网页制作中的应用等内容，其中，CSS 样式规则的定义和 CSS 样式表在网页制作中的应用是本项目学习的难点。

项目目标

- 理解 CSS 样式表的概念及其特点。
- 掌握 CSS 样式表的规则和类型。
- 掌握 CSS 规则的应用范围都有哪些不同。
- 熟悉 CSS 面板的组成。
- 掌握创建、编辑与应用 CSS 样式表的方法和技巧。
- 灵活应用 CSS 样式表美化网页。

任务一　初识样式表

我们看到的网页版式美观协调、内容规范整齐，其实是样式表的功能。现代的网页设计中往往将网页的内容和内容的表现形式分开，内容就是我们一般看到的文字、图像、视频动画等，而这些内容的表现形式是由样式表来控制的。

通过本任务的学习，读者能够理解 CSS 样式表的概念及其特点；掌握 CSS 样式表的规则、类型，以及 CSS 规则的应用范围；熟悉 CSS 面板的组成。

活动　认识 CSS 样式表

 知识准备

一、CSS 样式表的概念

CSS 是（Cascading Style Sheet，可译为"层叠样式表"或"级联样式表"），是一组格式设置规则，利用这些规则可以描述页面元素的显示方式和位置，也可以有效地控制 Web 页面的外观，帮助设计者完成页面布局。

通过使用 CSS 样式设置页面的格式，可将页面的内容与表示形式分离开。页面内容存放在 HTML 文件中，而 CSS 规则存放在另一个文件或 HTML 文档的另一部分中。将内容与表示形式分离，不仅可以使站点外观的维护更加容易，而且还可以使 HTML 文档代码更加简练，这样可以缩短浏览器的加载时间。

二、CSS 样式表的特点

在制作网页时采用 CSS 技术，可以有效地对页面的布局、字体、颜色、背景和其他效果实现更加精确的控制。CSS 样式表的主要功能有以下几点。

（1）可以精确地控制网页中各个元素的位置，使元素在网页中浮动。

（2）可以为网页中的元素设置各种滤镜效果，从而产生诸如阴影、辉光、模糊和透明等在图像处理软件中实现的效果。

（3）可以灵活地控制网页中文本的字体、颜色、大小、间距、样式及位置；灵活地设置一段文本的行高、缩进。

（4）可以与脚本语言相结合，从而产生各种动态效果。

（5）可以灵活地为网页中的元素设置各种效果的边框。

（6）可以方便地为网页中的元素设置不同的背景颜色、背景图片及平铺方式。

三、CSS 样式表的规则和类型

1. CSS 样式表的规则

CSS 是由样式规则组成的，每个 CSS 样式规则由两部分组成：选择器和声明（大多数情况下为包含多个声明的代码块）。选择器是标识已设置格式元素的术语（如 p、h1、类名称或 ID），而声明块则用于定义样式属性，各个声明由两部分组成：属性和值。

简单的 CSS 样式规则如下：选择器{属性:值；}

如果有多个属性，则用分号隔开，如选择器{属性 1：值 1；属性 2：值 2}。

在如图 5-1-1 所示中，h2 是选择器，介于大括号({   })之间的所有内容都是声明块：

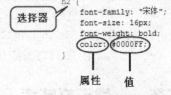

图 5-1-1   CSS 定义规则

在这个 CSS 规则中，已经为 h2 标签创建了特定样式，所有链接到此样式的 h2 标签的文本将为宋体、16 像素大小、蓝色、粗体。

2. CSS 样式类型

在 Dreamweaver CS3 中，可以定义以下样式类型。

（1）类样式：可让用户将样式属性应用于页面上的任何元素。

（2）HTML 标签样式：重新定义特定标签的格式。

（3）高级样式：重新定义特定元素组合的格式、其他 CSS 允许的选择器表单的格式，以及包含特定 id 属性的标签的格式。

3. CSS 规则的应用范围

在 Dreamweaver CS3 中，CSS 样式表可以分成内联样式表、内部样式表、外部样式表三种，区别在于应用范围和存放位置不同，下面是对这三种样式表的介绍。

1）外部 CSS 样式表

外部样式表是 CSS 样式表中较为理想的一种形式，它是存储在一个单独的外部 CSS（.css）文件中的若干组 CSS 规则。此文件可以利用文档头部分的链接或@import 规则链接到网站中的一个或多个页面，因此，能够实现代码的最大化使用及网站文件的最优化配置。

此方法通过<link>标签实现，将<link>标签加入到<head>…</head>标签之间，链接外部 CSS 样式表的格式如图 5-1-2 所示。

在本例中，使用<link>标签链接了一个外部样式文件"style.css"。浏览器从这个文件中以文档格式读出定义的样式表，href="style.css"是指明外部样式表文件的路径，rel= "stylesheet"是指在页面中使用外部的样式表，type="text/css"是指文件的类型是样式表文件。

2）内嵌式 CSS 样式表

内嵌样式表是把 CSS 样式定义直接放在<style>…</style>标签之间，然后插入到网页的头部。链接内部 CSS 样式表的格式如图 5-1-3 所示。

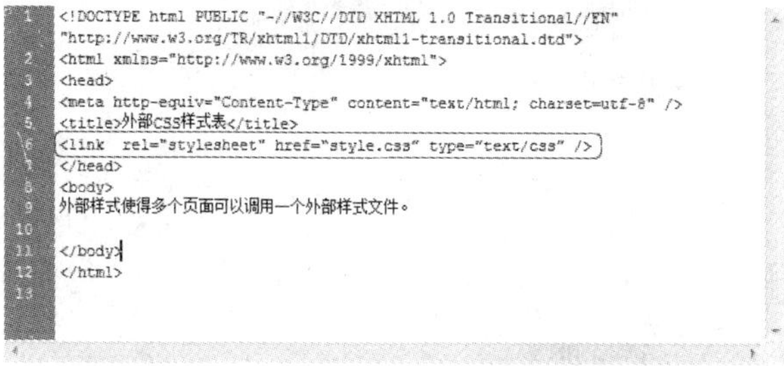

图 5-1-2　链接外部 CSS 样式表的格式

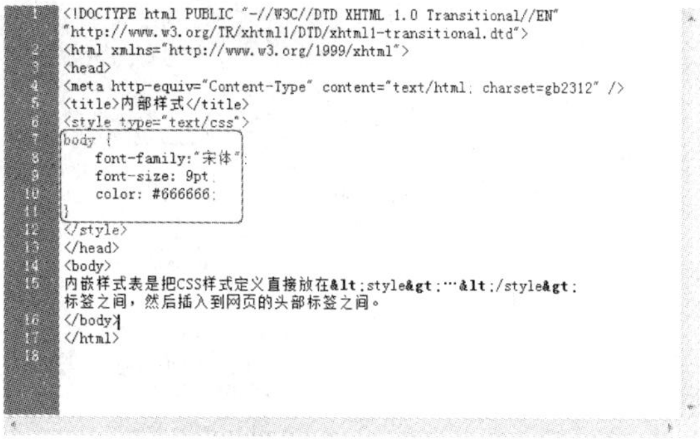

图 5-1-3　链接内部 CSS 样式表的格式

在本例中，用内部 CSS 样式表实现了将文本设置成"宋体、9点、字体颜色为灰色"的样式。

由于内部样式只对当前页面有效，不能跨页面执行，所以达不到用 CSS 管理整个网站布局的目的。因此，在实际应用中，使用内部样式的几率相对较少。

3）内联样式表

内联样式表是直接设置 HTML 标签的 style 属性的方法。这种方法适用于对网页内个别标签的设置。它的语法格式如下：

```
<p style="color:#FF0000";font-size:16>内联样式</p>
```

从上面的代码片段可以看出，内联样式只影响被定义的标签，具有局部性，在每个需要样式的标签中都要进行定义，大量使用 style 属性会显著增加文档大小，使代码变得难以维护。使用这种样式并没有很好地体现出 CSS 的优势，不符合表现与内容分离的设计模式，因此，建议读者应当尽量少用这种 CSS 编写的方式。

注意：Dreamweaver 可识别现有文档中定义的样式。Dreamweaver 还会在【设计】视图中直接呈现大多数已应用的样式。但是有些 CSS 样式在 Microsoft Internet Explorer、Netscape、Opera、Apple Safari 或其他浏览器中呈现的外观不相同，而有些 CSS 样式目前不受任何浏览器支持。

四、【CSS 样式】面板

使用【CSS 样式】面板可以跟踪影响当前所选页面元素的 CSS 规则和属性，也可以跟踪网页文档可用的所有规则和属性。

选择【窗口】→【CSS 样式】命令，打开【CSS 样式】面板。在该面板顶部有【全部】和【正在】两种模式，单击相应的按钮，即可在两种模式之间切换。

1．【全部】模式

单击【CSS 样式】面板中的【全部】按钮，切换到【全部】模式，如图 5-1-4 所示。

该模式下的【CSS 样式】面板显示了【所有规则】窗格和【属性】窗格。

【所有规则】窗格显示当前文档中定义的规则及附加到当前文档的样式表中定义的所有规则的列表。

使用【属性】窗格可以编辑【所有规则】窗格中任何所选规则的 CSS 属性。

对【属性】窗格所做的任何更改都将立即应用到网页文档中，可以在操作的同时预览效果。

2. 【正在】模式

单击【CSS 样式】面板中的【正在】按钮，切换到【正在】模式，如图 5-1-5 所示。

在【正在】模式下，【CSS 样式】面板显示了【所选内容的摘要】窗格，在该窗格中显示文档中当前所选内容的 CSS 属性；【规则】窗格，在该窗格中显示所选属性的位置；【属性】窗格，在该窗格中可以编辑应用于所选规则的 CSS 属性。

图 5-1-4 【全部】模式

图 5-1-5 【正在】模式

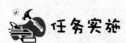 任务实施

下面通过实例操作来了解 CSS 样式表的应用。

【操作步骤】

（1）打开 Dreamweaver CS3 软件，新建一个名为 test.html 的网页文件，保存在站点根文件夹中。

（2）在网页的设计界面中输入一段文字，如图 5-1-6 所示。

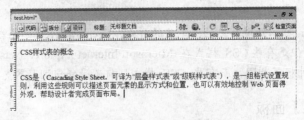
图 5-1-6 输入文字后的效果

（3）切换到代码视图状态，在<head>…</head>之间换行，输入如下所示代码，用来插入样式。

```
<style type="text/css">
</style>
```

（4）在<style>…</style>标签中定义一个名为 font01 的自定义样式。代码内容如下：

```
.font01 {
font-family:"宋体";
```

```
    font-size:12px;
    color:#FF0000;
    line-height:20px;
    }
```

（5）重新定义 HTML 标签 h1（标题 1 样式），代码内容如下：

```
h1 {
    font-family: "黑体";
    font-size: 36px;
    color: #FF0000;
}
```

（6）保存网页，切换到设计视图状态，选中文字"CSS 样式表的概念"，在【属性】面板的【格式】栏中选择应用"标题 1"样式；选中第二段文字，在【属性】面板的【样式】栏中选择应用"font01"样式。

（7）保存网页，预览效果，如图 5-1-7 示。

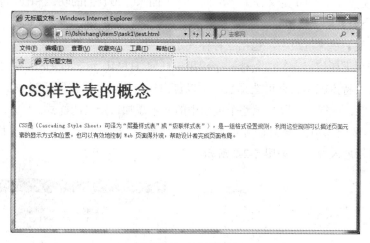

图 5-1-7　网页效果

 任务小结

本任务介绍了 CSS 样式表的概念及其特点；CSS 样式表的规则、类型，以及 CSS 规则的应用范围；CSS 面板的组成这几方面的知识。

任务二　应用 CSS 样式表美化"众人互联"网站

目前，对网页中各元素的美化和控制主要使用 CSS 来完成，其原因在于它能够高效地对页面元素的外观加以精确控制，彻底减轻网页设计者的工作负担。

通过本任务的学习，读者能够熟练掌握创建、编辑和应用 CSS 样式表的方法和技巧。

活动　创建和管理 CSS 样式表

 知识准备

Dreamweaver CS3 提供了功能非常强大的 CSS 样式编辑器，不但可以在页面中直接插入 CSS 样式，还可以创建、编辑独立的 CSS 样式表文件。

一、新建 CSS 规则

在 Dreamweaver CS3 中，可以创建一个 CSS 规则来自动完成 HTML 标签的格式设置或 class 属性所标识的文本范围的格式设置。

1. 将插入点放在文档中，然后执行以下操作之一打开【新建 CSS 规则】对话框

（1）选择【文本】→【CSS 样式】→【新建】命令。

（2）在【CSS 样式】面板中，单击面板右下侧中的【新建 CSS 规则】 🗗 按钮。

（3）右击，从弹出的快捷菜单中选择【CSS 样式】→【新建】菜单项。

2. 定义创建的 CSS 样式的类型

在打开的【新建 CSS 规则】对话框中，如图 5-2-1 所示，共有三个组成部分，分别是【选择器类型】、【名称】下拉列表框和【定义在】单选框组，下面来介绍它们的功能和使用。

1）【选择器类型】单选框组

在【选择器类型】单选框组中，包括三种样式定义：

（1）类（可应用于任何标签）：创建一个应用于任何 HTML 元素的 CSS 样式。

这种样式最大的特点就是具有可选择性，可以自由决定将该样式应用于哪些元素。就文本操作而言，可以选择一个字、一行、一段乃至整个页面中的文本添加自定义的样式。

注意：类名称必须以句点开头，可以包含任何字母和数字组合。如果没有输入开头的句点，Dreamweaver 将自动输入句点，如图 5-2-2 所示。

图 5-2-1 【新建 CSS 规则】对话框

图 5-2-2 类名称

（2）标签（重新定义特定标签的外观）：重新定义特定 HTML 标签的默认格式。

当选择该选项时，可以在【标签】选项的下拉菜单中选择一个标签或直接输入一个标签。一旦对某个标签重定义样式，页面中所有该标签都会按 CSS 的定义显示。

注意：只有成对出现的 HTML 标签（如<table></table>）才能进行重新定义，单个标签（如<hr>）不能进行重定义，如图 5-2-3 所示。

（3）高级（ID、伪类选择器等）：用来控制标签属性，通常用来设置链接文字的样式。一般有如图 5-2-4 所示的 4 种类型：

① 【a:link】：文本链接的初始状态。

② 【a:visited】：访问过的链接状态。

③ 【a:hover】：当鼠标指针移到链接文本上时的状态。

④ 【a:active】：在链接上按下鼠标时的状态。

2）【定义在】单选框组

在【定义在】单选框组中，选择定义样式位置，有【新建样式表文档】或【仅对该文档】两个选项。

① 若要将样式放置到已附加到文档的样式表中，选择相应的样式表。

② 若要创建外部样式表，选择【新建样式表文件】。

③ 若要在当前文档中嵌入样式，选择【仅对该文档】。

图 5-2-3 【标签】项的下拉菜单　　　　　　　图 5-2-4 【高级】项的下拉菜单

3．定义【CSS 规则定义】对话框

设置好【新建 CSS 规则】对话框后，单击【确定】按钮，打开【CSS 规则定义】对话框。在【CSS 规则定义】对话框中的【分类】列表框中，定义【类型】、【背景】、【区块】、【方框】、【边框】、【列表】、【定位】和【扩展】8 种类型。

1）【类型】分类

定义 CSS 样式的基本字体和类型。

在【CSS 规则定义】对话框中，在【分类】下拉框中选择【类型】，然后在右侧设置属性，如图 5-2-5 所示。如果某一个属性不需要设置，可以将其保留为空。

图 5-2-5 【类型】分类

设置各属性的含义如下：

（1）字体：属性名为"font-family"，设置文本的字体样式，可在下拉菜单中选择字体，也可直接输入字体名。

注意：如果在本选项中输入计算机中未安装的字体或者选定了多种字体，则浏览器将使用计算机上已安装的第一种字体进行显示。

（2）大小：属性名为"font-size"，定义文本的字体大小，一般网页正文的字号为 12px。

（3）粗细：属性名为"font-weight"，对字体应用特定或相对的粗体量。【正常】为 400，【粗体】为 700。

（4）样式：属性名为"font-style"，指定字体样式为正常、斜体或偏斜体。

（5）变体：属性名为"font-variant"，设置文本的小型大写字母变体。

（6）行高：属性名为"line-height"，设置文本所在行的高度。

（7）大小写：属性名为"text-transform"，将选定文本中单词的首字母大写或设置为全部大写 或小写。

（8）修饰：属性名为"text-decoration"，设置文本的修饰样式，包括下划线、上划线、删除线等。

（9）颜色：属性名为"color"，定义文本颜色。

2）【背景】分类

对网页中的任何元素应用背景属性，还可以设置背景图像的位置，如图 5-2-6 所示。

设置各属性的含义如下：

（1）背景颜色：属性名为"background-color"，设置元素的背景颜色。

（2）背景图像：属性名为"background-image"，设置元素的背景图像。

（3）重复：属性名为"background-repeat"，当背景图像不足以填满页面时，确定是否及如何重复背景图像。有以下 4 个选项：

① 不重复 ：在网页起始位置显示一次图像，不平铺。

② 重复：当背景图像小于页面时，纵向和横向平铺背景图像。

③ 横向重复：当背景图像小于页面时，横向平铺背景图像。

④ 纵向重复：当背景图像小于页面时，纵向平铺背景图像。

（4）附件：属性名为"background-attachment"，确定背景图像是固定在其原始位置还是随内容一起滚动。

（5）水平位置（属性名为"background-position（x）"）和垂直位置（属性名为"background-position（y）"）：指定背景图像相对于网页的初始位置。

3）【区块】分类

定义标签和属性的间距和对齐设置，如图 5-2-7 所示。

图 5-2-6 【背景】分类

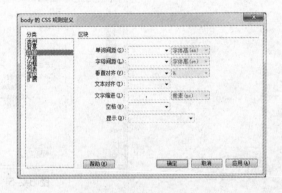

图 5-2-7 【区块】分类

设置各属性的含义如下：

（1）单词间距：属性名为"word-spacing"，设置单词之间的间距。

（2）字母间距：属性名为"letter-spacing"，增加或减小字母或字符的间距。

（3）垂直对齐：属性名为"vertical-align"，设置元素的纵向对齐方式，包括基线、上标、下标、顶部等。

（4）文本对齐：属性名为"text-align"，设置文本在元素内的对齐方式，包括左对齐、右对齐、居中、两端对齐。

（5）文字缩进：属性名为"text-indent"，指定第一行文本缩进的程度。

（6）空格：属性名为"white-space"，设置如何处理元素中的空格。

（7）显示：属性名为"display"，设置是否及如何显示元素。

4）【方框】分类

设置用于控制元素在页面上放置方式的标签和属性，如图 5-2-8 所示。

设置各属性的含义如下：

（1）宽：属性名为"width"，设置元素的宽度。

（2）高：属性名为"height"，设置元素的高度。

（3）浮动：属性名为"float"，设置块元素的浮动效果，也可以确定其他元素（如文本、ap div、表格等）围绕主体元素的哪个边浮动。

（4）清除：属性名为"clear"，设置清除设置的浮动效果。

（5）填充：属性名为"padding"，设置元素内容与元素边框之间的间距。若选中"全部相同"复选框，则为应用此属性的元素的"上"、"右"、"下"和"左"设置相同的填充属性；如果取消【全部相同】复选框，可以分别设置元素各个边的填充。

（6）边界：属性名为"margin"，设置一个元素的边框与另一个元素之间的间距（如果没有边框，则为填充）。若选中【全部相同】复选框，则为应用此属性的元素的"上"、"右"、"下"和"左"设置相同的边距属性；如果取消"全部相同"复选框，可以分别设置元素各个边的边距。

5）【边框】分类

设置网页元素周围的边框属性，例如，宽度、颜色和样式等，如图 5-2-9 所示。

图 5-2-8 【方框】分类　　　　　　　　　图 5-2-9 【边框】分类

设置各属性的含义如下：

（1）样式：属性名为"style"，设置边框的样式外观。样式的显示方式取决于浏览器。dreamweaver 在文档窗口中将所有样式呈现为实线。若选中【全部相同】复选框，则为应用此属性的元素的【上】、【右】、【下】和【左】设置相同的边框样式属性；如果取消"全部相同"复选框，可以分别设置元素各个边的边框样式属性。

（2）宽度：属性名为"width"，设置元素边框的粗细。若选中【全部相同】复选框，则为应用此属性的元素的【上】、【右】、【下】和【左】设置相同的边框宽度；如果取消【全部相同】复选框，可以分别设置元素各个边的边框宽度。

（3）颜色：属性名为"color"，设置边框的颜色。若选中【全部相同】复选框，则为应用此属性的元素的【上】、【右】、【下】和【左】设置相同的边框颜色；如果取消"全部相同"复选框，可以分别设置元素各个边的边框颜色。

6）【列表】分类

设置列表标签属性，例如，项目符号大小和类型等，如图 5-2-10 所示。

设置各属性的含义如下：

（1）类型：属性名为"list-style-type"，设置项目符号或编号的外观。

（2）项目符号图像：属性名为"list-style-image"，为项目符号指定自定义图像。单击【浏览】按钮，选择所需要的图像或键入图像的路径。

（3）位置：属性名为"list-style-position"，设置列表的位置，有"内"和"外"2个选项。

7）【定位】分类

设置层的相关属性。使用定位样式可以自动新建一个层并把页面中使用该样式的对象放到层中，并且用在对话框中设置的相关参数控制新建层的属性，如图 5-2-11 所示。

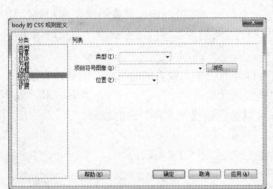

图 5-2-10 【列表】分类

图 5-2-11 【定位】分类

设置各属性的含义如下：

（1）类型：属性名为"position"，设置浏览器定位元素的方式。

【类型】有以下 3 个选项：

① 绝对：使用绝对坐标定位层，在【定位】文本框中输入相对于页面左上角的坐标值。

② 相对：使用相对坐标定位层，在【定位】文本框中输入相对于应用样式的元素在网页中原始位置的偏离值，这一设置无法在编辑窗口中看到效果。

③ 静态：使用固定位置，设置层的位置不移动。

（2）宽：属性名为"width"，设置元素的宽度。

（3）高：属性名为"height"，设置元素的高度。

（4）显示：属性名为"Visibility"，决定层的初始显示状态。如果不指定显示属性，则默认情况下内容将继承父级的属性。

（5）Z 轴：属性名为"z-index"，设置内容的叠放顺序。Z 轴值较高的元素显示在 Z 轴值较低的元素的上方。

（6）溢出：属性名为"overflow"，设置内容超出其大小时的处理方式。

①【溢出】有以下 4 个选项：可见：扩展的内容都可显示，容器将向右下方扩展。

② 隐藏：保持容器的大小并剪辑任何超出的内容，没有滚动条。

③ 滚动：不论内容是否超出容器的大小均在容器中添加滚动条。

④ 自动：只有在内容超出容器的边界时才出现滚动条。

（7）定位：属性名为"placement"，设置内容的位置和大小。

（8）剪辑：属性名为"clip"，设置内容的可见部分。

注意：【定位】项实际上是对层的配置，但是因为 Dreamweaver 提供了可视化的层制作功能，所

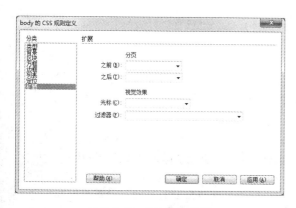

图 5-2-12 【扩展】分类

制的对象应用特殊效果（包括模糊和反转）。

以，此项配置在实际操作中几乎不会使用。

8）【扩展】分类

设置网页中的一些特殊样式，包括分页、光标样式和特殊滤镜样式，如图 5-2-12 所示。

设置各属性的含义如下：

（1）分页：在打印期间在样式所控制的对象之前或者之后强行分页。此选项不受任何 4.0 版本浏览器的支持，但可能受未来的浏览器的支持。

（2）光标：属性名为"cursor"，当指针位于样式所控制的对象上时改变指针图像。该属性只受 Internet Explorer 4.0 以上版本浏览器的支持。

（3）过滤器：属性名为"filter"，对样式所控

二、编辑 CSS 样式表

新建好 CSS 样式后，可以对 CSS 样式进行查看、修改、删除、复制等操作。这些操作可以直接在【CSS 样式】面板中找到相应的命令来完成。

1. 查看 CSS 样式

打开【CSS 样式】面板，单击【全部】按钮，切换到显示 CSS 面板。双击文件名称即可打开编辑器窗口，在这里可以看到对样式的各种设置。

另外，还可以直接在【CSS 样式】面板底部的【属性】部分查看。

2. 修改 CSS 样式

一般情况下，可以通过 3 种方法对 CSS 样式进行修改。

（1）打开【CSS 样式】面板，选中要编辑的 CSS 样式，单击底部的【编辑样式】按钮，打开【CSS 规则定义】对话框，可对 CSS 面板中选中的 CSS 样式进行编辑。

（2）直接双击要修改的样式，打开【CSS 规则定义】对话框进行修改，完成后单击【确定】按钮。

（3）选择要修改的样式后，在【属性】面板下方的属性列表中直接修改属性值，单击【添加属性】字样，添加新的属性。

3. 删除 CSS 样式

可以通过以下 3 种种方式删除 CSS 样式。

（1）在【CSS 样式】面板中，选中要删除的样式文件后右击，在弹出的菜单中选择【删除】命令。

（2）选中要删除的样式文件，单击底部的【删除 CSS 规则】按钮 🗑 。

（3）选中要删除的样式文件，按 Delete 键。

4. 附加样式表

外部样式表通常是供多个网页使用的，其他网页文档要想使用已创建的外部样式表，必须通过【附加样式表】命令将样式表文件链接或者导入到文档中。

附加样式表通常有两种途径：链接和导入。

在【CSS 样式】面板中单击【附加样式表】按钮，打开【链接外部样式表】对话框，如图 5-2-13 所示。

在对话框中选择要附加的样式表文件，然后单击

图 5-2-13 【链接外部样式表】对话框

【导入】单选按钮，最后单击【确定】按钮将文件导入。通过查看网页的源代码可以发现，在文档的

"<head>…</head>" 标签之间有如下代码：

```
@import url("*.css");
```

如果单击【链接】单选按钮，则代码如下：

```
<link href="*.css" rel="stylesheet" type="text/css" />
```

将 CSS 样式表引用到文档中，既可以选择【链接】方式也可以选择【导入】方式。

如果要将一个 CSS 样式文件引用到另一个 CSS 样式文件中，只能使用【导入】方式。

三、应用样式表

创建了 CSS 规则样式后，就可以利用该样式快速设置页面上的网页元素样式，使网站具有统一的风格。要应用定义好的 CSS 样式有以下 5 种方法。

1. 在【属性】面板中应用 CSS 样式

选中要应用样式的文本或元素，打开【属性】面板，在【样式】下拉列表中选择要应用的样式名称，即可应用样式。

2. 利用菜单应用 CSS 样式

选中要应用样式的文本，选择【文本】→【CSS 样式】命令，从中选择一种编辑好的样式。还可以右击，在弹出的快捷菜单中选择【CSS 样式】命令。

3. 利用【CSS 样式】面板应用 CSS 样式

选中要应用样式的标签或者文本，在【CSS 样式】面板中单击所要应用的样式，从弹出的快捷菜单中选择【套用】命令。

4. 在标签处应用 CSS 样式

在网页文档中选中要设定样式的对象，右击标签，在弹出的快捷菜单中选择【设置类】命令，在级联菜单中选择所需应用的 CSS 样式即可。

5. 在【标签检查器】面板组的【属性】面板中应用 CSS 样式

在网页文档中选中要设定样式的对象，打开【标签检查器】面板，展开面板中的【CSS/辅助功能】，在 class 选项右侧的文本框中输入样式的名称，如图 5-2-14 所示。

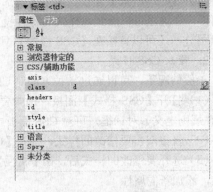

图 5-2-14 在【属性】面板中应用 CSS 样式

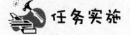 任务实施

本次活动以美化"众人互联"网站的首页为例，介绍在网页中应用 CSS 样式的方法和技巧。

【操作步骤】

一、利用重新定义特定标签的外观，设置网页文字格式

（1）将本活动的素材文件"item5\task2\material"中的"wangluo"文件夹复制到站点根文件夹中。

（2）打开"wangluo"文件夹中的 index.html 网页，选择【窗口】→【CSS 样式】命令，打开【CSS 样式】面板，单击底部的【新建 CSS 规则】按钮，在弹出的对话框中选择【标签（重新定义特定标签的外观）】选项，从【标签】下拉菜单中选择"body"，【定义在】单击【新建样式表文件】单选按钮，单击【确定】按钮，如图 5-2-15 所示。

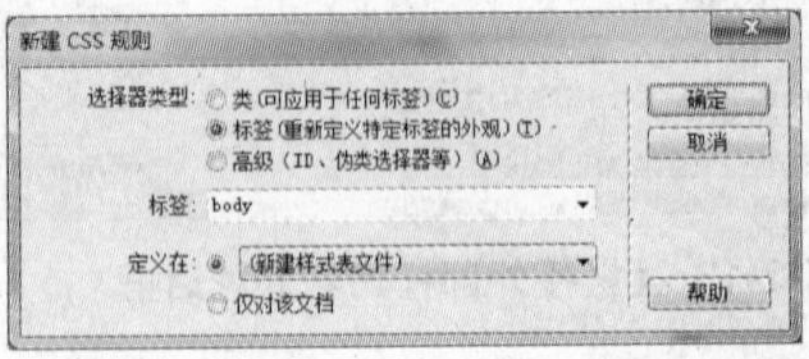

图 5-2-15 新建 CSS 规则

（3）在弹出的【保存样式表文件为】对话框中，将样式表

文件以"ys"文件名保存在"wangluo"文件夹中。

（4）在弹出的【CSS 规则定义】对话框中，选择左侧的【类型】分类，在右侧的选项中设置相关的属性，其中设置大小为"9 点"，行高为"25 像素"，颜色为"#666666"，如图 5-2-16 所示。

（5）选择【背景】分类，设置【背景图像】为素材图像 bg.jpg，设置完成后，单击【确定】按钮，如图 5-2-17 所示。

图 5-2-16 设置【类型】分类

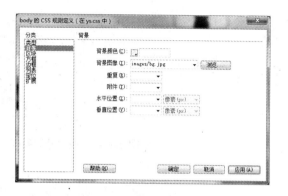
图 5-2-17 设置【背景】分类

二、为主体内容区域添加边框，建立可应用于任何标签的样式

（1）单击【CSS 样式】面板底部的【新建 CSS 规则】按钮，在弹出的对话框中选择【类（可以应用于任何标签）】选项，在【名称】域中输入新样式的名称为"bk"，【定义在】选项中选择"ys.css"，单击【确定】按钮，如图 5-2-18 所示。

（2）在弹出的【bk 的 CSS 规则定义】对话框中，选择左侧的【边框】分类，在右侧的选项中设置相关属性：在【样式】选项设置【上】为"无"，【右、下、左】为"实线"；在【宽度】选项勾选【全部相同】，设置【上、右、下、左】为"1 像素"；在【颜色】选项勾选"全部相同"，设置【上、右、下、左】为"浅灰色#CDCDCD"，如图 5-2-19 所示。

图 5-2-18 新建 bk 样式

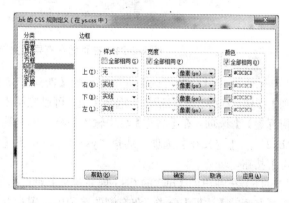
图 5-2-19 设置 bk 标签的 CSS 样式

（3）将光标定位在页面中部"公司新闻"所在的表格中，右击底部<table>标签，在下拉菜单中选择"设置类/bk"，如图 5-2-20 所示。

（4）将光标定位在页面左侧"客户公告"所在的单元格中，右击底部<td>标签，在下拉菜单中选择"设置类/bk"，按相同步骤完成"公司新闻"、"业界动态"、"案例分享"所在单元格的边框设置，如图 5-2-21 所示。

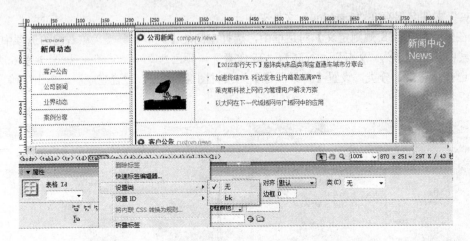

图 5-2-20 在"公司新闻"所在的表格中应用 bk 样式

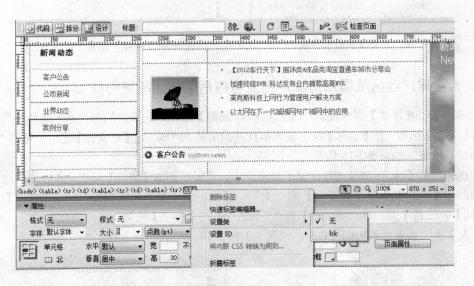

图 5-2-21 在页面左侧导航文字所在的单元格中应用 bk 样式

（5）单击【CSS 样式】面板底部的【新建 CSS 规则】按钮，在弹出的对话框中选择【类（可以应用于任何标签）】选项，在【名称】域中输入新样式的名称为"bk2"，【定义在】选项中选择"ys.css"，单击【确定】按钮。

（6）在弹出的【bk2 的 CSS 规则定义】对话框中，选择左侧的【边框】分类，在右侧的选项中设置相关属性：在【样式】项设置【下】为"虚线"；在【宽度】项设置【下】为"1 像素"；在【颜色】项设置【下】为浅灰色#CCCCCC，如图 5-2-22 所示。

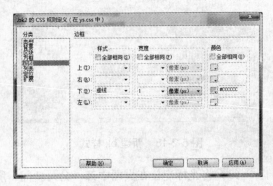

图 5-2-22 设置 bk2 的 CSS 样式

（7）将光标定位在页面中部"公司新闻"所在的单元格中，右击底部<td>标签，在下拉菜单中选择"设置类/bk2"，按相同步骤完成"客户公告"、"业界动态"所在单元格的边框设置，如图 5-2-23 所示。

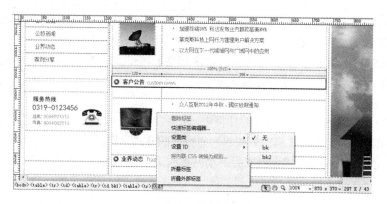

图 5-2-23 应用 bk2 的样式

三、修改页面中段落的项目符号和格式

（1）单击【CSS 样式】面板底部的【新建 CSS 规则】按钮，在弹出的对话框中选择【类（可以应用于任何标签）】选项，在【名称】域中输入新样式的名称为"lb1"，【定义在】选项中选择"ys.css"，单击【确定】按钮，如图 5-2-24 所示。

（2）在弹出的【lb1 的 CSS 规则定义】对话框中，选择左侧的【列表】分类，单击【项目符号图像】项右侧的【浏览】按钮，设置项目符号图像为素材图像"newsbg.gif"，如图 5-2-25 所示。

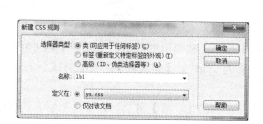

图 5-2-24 新建 lb1 样式

图 5-2-25 设置【列表】分类

（3）将光标定位在文字内容"【2012 车行天下】服饰类&床品类淘宝直通车城市分享会……"所在的段落中，右击底部的\<ul\>标签，在下拉菜单中选择"设置类/lb1"，修改该段落的项目符号，如图 5-2-26 所示。

图 5-2-26 应用 lb1 样式

（4）按照相同方法创建 lb2 样式，并应用到文字"众人互联 2012 年中秋、国庆放假通知……"所在的段落中，效果如图 5-2-27 所示。

（5）单击【CSS 样式】面板底部的【新建 CSS 规则】按钮，在弹出的对话框中选择【类（可以应用于任何标签）】选项，在【名称】域中输入新样式的名称为"d"，【定义在】选项中选择"ys.css"，单击【确定】按钮。

（6）在弹出的【d 的 CSS 规则定义】对话框中，选择左侧的【方框】分类，设置【填充】项的【左】、【右】值为【30 像素】，并单击【确定】按钮，完成 d 的样式设置。

（7）将光标定位在文字内容"上海农行启动网点改造保驾护航世博会……"所在的单元格中，右击底部<td>标签，在下拉菜单中选择"设置类/d"，完成该段落的格式设置，效果如图 5-2-28 所示。

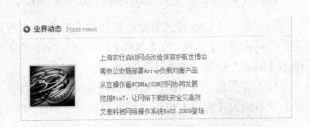

图 5-2-27　应用"lb2"样式后的页面效果图　　　图 5-2-28　应用"d"样式后的页面效果图

四、设置页面中图片的效果

（1）单击【CSS 样式】面板底部的【新建 CSS 规则】按钮，在弹出的对话框中选择【类（可以应用于任何标签）】选项，在【名称】域中输入新样式的名称为"tp"，【定义在】选项中选择"ys.css"，单击【确定】按钮。

（2）在弹出的【tp 的 CSS 规则定义】对话框中，选择左侧的【扩展】分类，在【过滤器】选项中选择【Gray】选项，单击【确定】按钮，如图 5-2-29 所示。

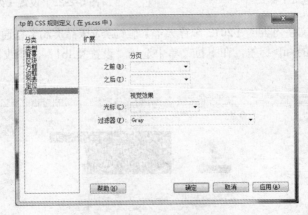

图 5-2-29　设置【扩展】分类

（3）在页面右侧选择图片"news_08.jpg"，右击底部< img >标签，在下拉菜单中选择"设置类/tp"，保存网页，预览效果，如图 5-2-30 所示。

图 5-2-30　页面效果

五、设置网页中的链接样式

图 5-2-31　【a:hover 的 CSS 规则定义】对话框

（1）单击【CSS 样式】面板底部的【新建 CSS 规则】按钮，在弹出的对话框中选择【高级（ID、伪类选择器等）】选项，然后从【选择器】下拉菜单中选择"a:hover"，【定义在】选项中选择"ys.css"，单击【确定】按钮。

（2）在弹出的【a:hover 的 CSS 规则定义】对话框中，选择左侧的【类型】分类，在右侧设置属性：字体为"粗体"，颜色为"黑色"，如图 5-2-31 所示。

（3）为导航栏中的文本建立空链接，保存文件，预览网页，页面效果如图 5-2-32 所示。

图 5-2-32　页面效果

任务小结

本任务通过应用 CSS 样式表美化"众人互联"网站首页的实例具体介绍了创建、编辑和应用 CSS 样式表的方法和技巧，为深入学习 CSS 打下良好基础。

 项目综合实训

根据所给素材和网页最终效果图，应用 CSS 样式表美化"众人互联"网站的 "关于我们"子页面，如图 5-3-1 所示（素材和效果在 item5\exercise 文件夹中）。

图 5-3-1　网页效果图

 项目小结

本项目通过美化"众人互联"网站的实例，向读者介绍了 CSS 样式的知识。通过本项目的学习，读者能够理解 CSS 的概念，掌握 CSS 的基本语法，掌握 CSS 样式创建、应用及定义的方法，并且能够管理 CSS 样式；能够灵活地应用 CSS 样式表美化页面。

 思考与练习

一、填空题

1. CSS 的定义由 3 个部分构成，包括_____、_____和_____。

2．网页中使用样式的方法包括内联样式表、_____和_____。

3．_____滤镜能使目标元素产生透明效果。

4．_____样式是精确定义整段文本中文字的字距、对齐方式等属性。

二、选择题

1．在下列选项中，（　　　）滤镜能使目标元素产生模糊效果。

　　A．Glow　　　　　　　　B．Alpha　　　　　　　C．Blur　　　　　　　　D．Gray

2．内联样式表是把定义 CSS 样式的语句放在 HTML 文件的（　　　）中。

　　A．<head>　　　　　　　B．<body>　　　　　　C．<title>　　　　　　D．<table>

3．下列说法中，正确的是（　　　）。

　　A．滤镜对所有对象都可以应用

　　B．滤镜只能应用在图层上

　　C．各种滤镜参数的值可以任意设置

　　D．滤镜不是所有对象都可以应用的

4．下面关于样式表的说法错误的是（　　　）。

　　A．通过样式表面板可以对网页中的样式进行编辑、管理

　　B．建立 CSS 样式表有两种方式

　　C．通过【扩展】还可以制作较复杂的样式

　　D．在创建样式表时，可以选择建立外部样式表文件还是仅用于当前文档的内部样式

5．打开【CSS 样式】面板的快捷键是（　　　）。

　　A．F11　　　　　　　　　B．Ctrl+F11

　　C．F12　　　　　　　　　D．Shift+F11

三、简答题

1．如何创建 CSS 样式？

2．应用 CSS 样式有哪几种方法？

项目六　创建多媒体网页

项目概述

随着互联网的迅猛发展，网络速度的不断提高，人们对网页元素的要求不再仅限于文字和图片。多媒体技术的发展为网页提供了更丰富的元素。Flash 是目前网页中最常见的动画元素，包括动画、文本、按钮和视频等。此外，还可以在网页中插入音频、视频、Applet、Activex 控件、Plugin 插件等多媒体元素，使网页效果更加丰富多彩。

项目分析

本项目包括两个任务：在网页中插入 Flash 内容和在网页中插入音频和视频。任务一主要向读者介绍插入 Flash 内容的方法，其中包括常见的 Flash 动画、Flash 文本、Flash 按钮和 Flash 视频等。任务二介绍添加音频和视频的方法，以及插入其他多媒体元素的方法，包括 Applet、Activex 控件、Plugin 插件等。

项目目标

- 掌握插入 Flash 元素的方法及其属性的设置。
- 掌握插入 Flash 视频的方法。
- 能够熟练制作含有 Flash 内容的网页。
- 掌握插入音频的方法。
- 掌握插入视频和其他多媒体元素的方法。
- 能够利用音频、视频及其他多媒体元素丰富网页。

任务一　在网页中插入 Flash 内容

Flash 元素以其生动活泼，动感十足的特点，越来越广泛的被应用在网页中。主要应用在 Logo、banner、按钮和广告条中。此外，Flash 视频是一种体积小、下载速度快的视频格式，逐渐成为各大视频网站的主要视频格式。

通过本任务的学习，读者应该掌握插入各种 Flash 内容的方法及其属性的设置。

活动 1　在网页中插入 Flash 元素

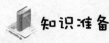
知识准备

一、认识 Flash

Macromedia Flash 技术是最早的矢量图形和动画传送的解决方案。Flash 的播放器程序 Flash Player 已经作为 IE 浏览器的 ActiveX 控件之一，同时也是 Netscape Navigator 浏览器的插件，并且已经整合到 Netscape Navigator 和 Microsoft Windows 的最新版本中。

1．Flash 源文件格式

Flash 源文件格式是 Flash 中的默认格式，它的扩展名为 fla。该类型文件只能在 Flash 程序中被打开和编辑，在 Dreamweaver 和浏览器中都无法打开。

2．Flash 电影文件格式

Flash 电影文件格式是浏览器中使用的格式，它的扩展名为 swf，同时也可以在 Dreamweaver 中预览。

3．Flash 模板文件格式

Flash 模板文件格式允许用户修改和替换 Flash 电影文件中的信息，它的扩展名为 swt。这类文件可以用在 Dreamweaver 的 Flash 按钮对象中。

图 6-1-1　插入 Flash 菜单命令

二、Dreamweaver 中常见的 Flash 元素

1．Flash 动画

插入的 Flash 动画文件，扩展名为 swf。特点是文件小，网上传输快，在网页中大量存在。

1）插入 Flash 动画

选择【插入记录】→【媒体】→【Flash】命令，或单击【插入】工具栏【常用】选项中的【媒体：Flash】按钮，如图 6-1-1 所示。

2）设置 Flash 动画属性

选择插入的 Flash 动画，【属性】面板如图 6-1-2 所示。

图 6-1-2　【属性】面板

（1）Flash：动画的名称。

（2）宽和高：以像素为单位指定影片的宽度和高度。

（3）文件：指定指向 Flash 文件的路径。

（4）源文件：指定指向 Flash 源文档（fla）的路径。

（5）编辑：可以启动 Flash 以更新 fla 文件。

（6）重设大小：将选定动画返回到其初始大小。

（7）循环：选中则连续播放。

（8）自动播放：选中则在加载页面时自动播放。

（9）垂直边距和水平边距：指定空白的像素值。

（10）品质：控制抗失真度。

（11）比例：确定动画如何适合在"宽"和"高"文本框中设置的尺寸。

（12）对齐：确定动画在页面上的对齐方式。

（13）背景颜色：指定动画区域的背景颜色。

（14）参数：打开一个对话框，可在其中输入传递给动画的附加参数。

3）设置 Flash 动画背景透明

为了优化网页视觉效果，可在表格的单元格中插入背景图像，然后再在该单元格中插入 Flash 动画，这时就需要将 Flash 动画设置为背景透明，否则就无法看到下面的背景图像了。

单击图 6-1-2 中的【参数】按钮，打开【参数】对话框，输入如图 6-1-3 所示的【参数】和【值】选项，参数为 "wmode"，值为 "transparent"。

图 6-1-3 【参数】对话框

2. Flash 文本

Flash 文本对象允许使用者创建和插入只包含文本的 Flash SWF 文件。该选项使用户可以自己输入文本，并根据选择的设计器字体创建较小的矢量图形影片。

选择【插入记录】→【媒体】→【Flash 文本】命令，或单击【插入】工具栏【常用】项中的【媒体：Flash 文本】按钮 ，打开【插入 Flash 文本】对话框，如图 6-1-4 所示。

3. Flash 按钮

在文档中创建和插入 Flash 按钮时，不要求安装 Flash，可直接插入 Dreamweaver 自带的按钮到网页中，十分方便快捷，并且 Flash 按钮对象是基于 Flash 模板的可更新按钮。

选择【插入记录】→【媒体】→【Flash 按钮】命令，或单击【插入】工具栏【常用】选项中的【媒体：Flash 按钮】按钮 ，打开【插入 Flash 按钮】对话框，如图 6-1-5 所示。

图 6-1-4 插入 Flash 文本

图 6-1-5 插入 Flash 按钮

注意：在插入 Flash 文本或 Flash 按钮之前必须先保存当前文档，并且 Flash 文本和 Flash 按钮必须与其所在页面在同一路径下。

任务实施

本活动以"试听音乐网"首页标题和主体左侧部分为例，介绍有关插入 Flash 元素的操作。

【操作步骤】

一、新建站点

（1）在 F 盘建立站点根目录 "music" 文件夹及其子文件夹 "files"，将本项目的素材文件 "item6\material" 中的 "images" 和 "other" 文件夹复制到站点根文件夹中。

（2）启动 Dreamweaver CS3，通过【高级】选项卡，建立站点，如图 6-1-6 所示。

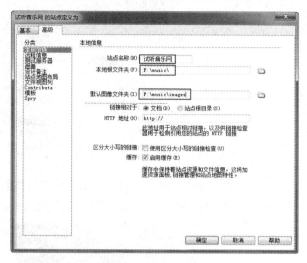

图 6-1-6 新建站点

二、创建首页标题部分

（1）新建"index.html"文件，保存在站点中的"files"文件夹中。

（2）单击【属性】面板中的【页面属性】按钮，在【页面属性】对话框中设置字体为"宋体"，大小为"9 点"，【背景颜色】为"#CCCCFF"，【上、下、左、右边距】均为 0 像素，选择【标题/编码】选项卡，设置标题为"试听音乐网"，单击【确定】按钮，如图 6-1-7 和图 6-1-8 所示。

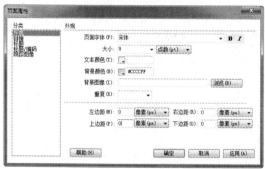

图 6-1-7 设置外观

图 6-1-8 设置网页标题

（3）将光标置于页面中，插入一个 2 行 2 列，表格宽度为"800 像素"，边框粗细、单元格边距和单元格间距均为 0 的表格，背景颜色为"#FFFFFF"，居中对齐，如图 6-1-9 所示。

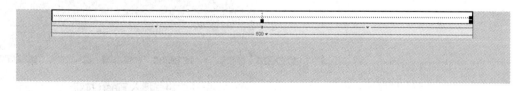

图 6-1-9 插入标题表格

（4）在【属性】面板中设置第 1 行第 1 列单元格的宽度为"200"像素，插入图像"logo.jpg"。设置第 2 列单元格的背景为"banner.jpg"，如图 6-1-10 和图 6-1-11 所示。

图 6-1-10　设置单元格宽度

图 6-1-11　设置单元格背景图像

（5）将光标定位在第 1 行第 2 列单元格中，执行【插入记录】→【媒体】→【Flash】命令，选择插入"1.swf"文件，设置该 Flash 文件的背景透明，在 IE 浏览器中预览网页，效果如图 6-1-12 所示。

图 6-1-12　预览 Flash 影片文件

（6）选中第 2 行两个单元格，合并单元格。插入 1 行 6 列，表格宽度"100%"，边框粗细、单元格边距和单元格间距均为 0 的表格。光标定位在第 1 列单元格中，选择【插入记录】→【媒体】→【Flash 按钮】命令，打开【插入 Flash 按钮】对话框，选择样式为"Corporate-Green"，输入按钮文本"首页"，选择字体为"隶书"，设置大小为"20"，修改另存为为"a1.swf"，如图 6-1-13 所示，设置完成后，单击【确定】按钮。

（7）按照步骤 6 中的方法，依次插入"新歌推荐"、"歌手大全"、"人气专辑"、"榜单排行"和"曲风分类"5 个按钮，分别另存为"a2.swf"、"a3.swf"、"a4.swf"、"a5.swf"和"a6.swf"，效果如图 6-1-14 所示。

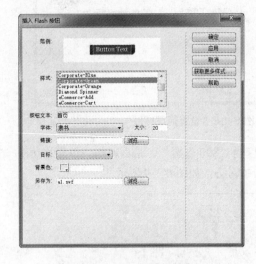

图 6-1-13　设置按钮属性

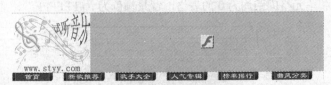

图 6-1-14　插入 Flash 按钮

三、创建首页主体左侧部分

（1）在标题下方，插入 1 行 3 列，表格宽度为"800"像素，边框粗细、单元格边距和单元格间距均为 0 的表格，背景图像为"bg.gif"，居中对齐，设置第 1 列宽度为"200"像素，垂直为"顶端"。

（2）在第 1 列单元格中，插入 2 行 1 列，表格宽度为"100%"，边框粗细、单元格边距和单元格间距均为 0 的表格。在第 1 行单元格中插入图像"1.jpg"，在第 2 行单元格中插入 16 行 4 列，表格宽度为"90%"，边框粗细、单元格边距和单元格间距均为 0 的表格，背景颜色为白色，居中对齐。设置前 15 行单元格的高度为"25"，在前 15 行中输入如图 6-1-15 所示的文本，将第 16 行的 4 列单元格合并。

（3）将光标定位在第 16 行单元格中，右对齐，执行【插入记录】→【媒体】→【Flash 文本】命令，打开【插入 Flash 文本】对话框，修改字体为"隶书"，颜色为"#FF6600"，转滚颜色为"#006600"，输入文本"更多>>"，另存为"w1.swf"，如图 6-1-16 所示，设置完成后，单击【确定】按钮。

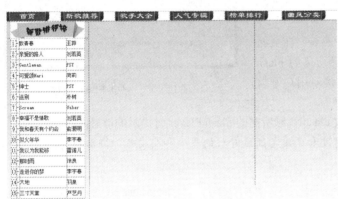

图 6-1-15　主体左侧表格

图 6-1-16　插入 Flash 文本

活动 2　在网页中插入 Flash 视频

 知识准备

一、Flash 视频文件格式

Flash 视频文件格式，它的扩展名为 flv，是一种新的流媒体视频格式。Flash 视频文件体积小、加载速度快，它的出现有效地解决了视频文件导入 Flash 后，使导出的 SWF 文件体积庞大，不能在网络上很好的使用等问题。网站的访问者只要能看 Flash 动画，就能看 flv 格式视频，而无须再额外安装其他视频插件。

如果有 QuickTime 或 Windows Media 等其他视频文件，我们也可以通过一些视频转换器将视频文件转换为 FLV 文件，再插入到网页中。

二、插入 Flash 视频

选择【插入记录】→【媒体】→【Flash 视频】命令，或单击【插入】工具栏【常用】选项中的【媒体：Flash 视频】按钮 ，如图 6-1-17 所示。

（1）累进式下载视频：将 Flash 视频文件下载到网站访问者的硬盘上，然后播放。而与传统的"下载并播放"视频传送方法并不同，累进式下载允许在下载完成之前开始播放视频文件。

（2）流式视频：对 Flash 视频内容进行流式处理，并在一段可确保流畅播放的特别短的缓冲时间后再在 Web 页面上播放该内容。

（3）URL：指定 FLV 文件的相对路径或绝对路径。

（4）外观：指定在 Web 页面上播放 Flash 视频组件的外观。所选外观的预览会出现在下方的预览窗口中。

（5）宽度和高度：以像素为单位指定 FLV 文件的宽度和高度。

（6）限制高宽比：保持 Flash 视频组件的高度和宽度之间的比例不变。

（7）自动播放：指定在 Web 页面打开时是否播放视频。

（8）自动重新播放：指定播放控件在视频播放完之后是否返回起始位置重新开始播放。

（9）如果必要，提示用户下载 Flash Player：在页面中插入代码，该代码将检测查看 Flash 视频所需的 Flash Player 版本，并在用户没有所需的版本时提示用户下载 Flash Player 的最新版本。

图 6-1-17　插入 Flash 视频

（10）消息：指定在用户需要下载播放 Flash 视频所需的 Flash Player 时提示的消息内容。

注意："包括外观"是 FLV 文件的宽度和高度与所选外观的宽度和高度相加得出的和。

任务实施

本活动以"试听音乐网"首页主体中间和右侧部分及脚注为例，介绍如何在网页中插入 Flash 视频。

【操作步骤】

一、创建首页主体中间部分

（1）打开活动 1 中制作的网页"index.html"，将光标定位在主体表格第 2 列的单元格中，设置单元格属性，宽度为"450"，垂直为"顶端"，插入 2 行 1 列，表格宽度为"100%"，边框粗细、单元格边距和单元格间距均为 0 的表格，如图 6-1-18 所示。

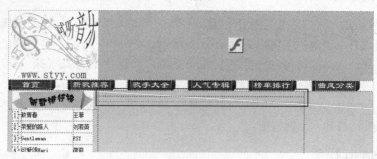

图 6-1-18　主体第 2 列表格

（2）选中两行单元格，设置高度为"30"，在第 1 行中输入文字"最新统计结果"，设置文本大小为"14"点数。选中全部文字，右击，从快捷菜单中选择"快速标签编辑器"命令，从下拉菜单中双击选择"marquee"，按下空格键，继续双击选择"behavior"的值为"scroll"，按下空格键，双击选择"direction"的值为"left"，按下空格键，双击选择"loop"的值为"-1"，如图 6-1-19 和图 6-1-20 所示。

图 6-1-19　右键菜单

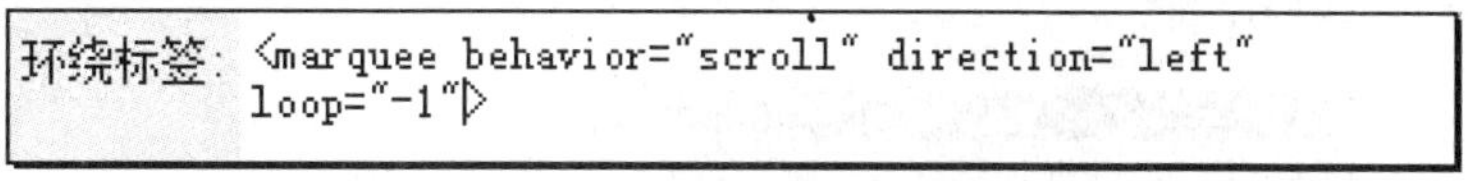

环绕标签：`<marquee behavior="scroll" direction="left" loop="-1">`

图 6-1-20　设置滚动文字效果

（3）在第 2 行中插入图像"1.gif"，输入文字"经典专辑"，设置文本大小为"18"点数。将光标定位在主体中间部分，插入 6 行 3 列，表格宽度为"100%"，边框粗细、单元格边距和单元格间距均为 0 的表格，如图 6-1-21 所示。

（4）选中全部 18 个单元格，设置水平"居中对齐"。在第 1、3 和 5 列的单元格中依次插入图像"2.jpg"、"3.jpg"、…"10.jpg"；设置第 2、4 和 6 列单元格高度为"20"，并依次输入如图 6-1-22 所示的文字。

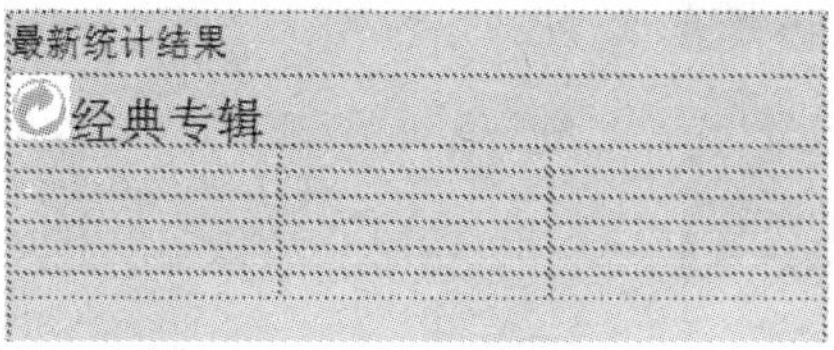

图 6-1-21　插入专辑表格

图 6-1-22　插入表格内容

二、创建首页主体右侧部分

（1）将光标定位在主体表格第 3 列的单元格中，设置单元格水平为"居中对齐"，垂直为"顶端"。

插入 3 行 1 列，表格宽度为"96%"，边框粗细、单元格边距和单元格间距均为 0 的表格，选中所有单元格，设置水平"居中对齐"。设置第 1 行单元格的高度为"7"，删除代码视图中的" "；在第 2 行中输入文字"精彩抢先看"，设置文本大小为"12"点数，文本颜色为"#FF6600"，粗体；在第 3 行中插入 Flash 视频"1.flv"，取消勾选"限制高宽比"，设置宽度为"140"，高度为"105"，如图 6-1-23 所示。在 IE 浏览器中预览网页，如图 6-1-24 所示。

（2）将光标定位在 Flash 视频下方，插入 12 行 2 列，表格宽度为"96%"，边框粗细和单元格边距为 0，单元格间距为 1 的表格。选中全部单元格，设置单元格背景颜色为"#FFFFFF"。在第 1 行第 1 列单元格中插入图像"15.jpg"，在第 2 列中输入文字"歌手排行"，设置文本大小为"14"点数，粗体；选中第 2 行至第 11 行，设置单元格高度为"25"，输入如图 6-1-25 所示的文字；将第 12 行中的两个单元格合并，输入文字"更多>>"，设置文本大小为"14"点数，粗体，右对齐。保存网页，并在 IE 浏览器中预览效果。

图 6-1-23　插入 Flash 视频

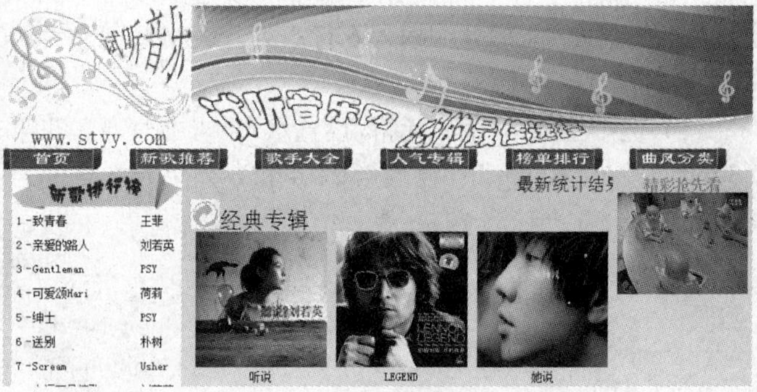

图 6-1-24　预览效果

图 6-1-25　首页主体效果

三、创建首页脚注

将光标定位在主体表格右侧空白区域，插入 3 行 1 列，表格宽度为"800"像素，边框粗细、单元格边距和单元格间距均为 0 的表格，设置表格背景图像为"bg2.gif"。在第 1 行中插入水平线；选中第 2 行和第 3 行单元格，设置单元格高度为"30"，水平为"居中对齐"，输入如图 6-1-26 所示的文字。

图 6-1-26　首页脚注效果

至此任务一结束，"试听音乐网"的首页制作完成，保存网页，在 IE 浏览器中预览网页，如图 6-1-27 所示。

图 6-1-27　首页效果

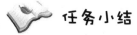 任务小结

本任务主要介绍了插入各种 Flash 内容的方法；设置各种 Flash 内容属性的方法。

任务二　在网页中插入音频和视频

随着信息传输手段的不断变化，人们对网页的需求越来越多样化。在网页中适当嵌入音频和视频能够充分显示网页的多媒体特性，提高网页的关注度。特别是随着宽带网络的普及，使得网络广播和网络视频成为现实，网页音频和视频的重要性也日益突显。

通过本任务的学习，读者应该了解常见的音频和视频格式。掌握插入各种格式音频、视频和其他多媒体元素的方法。

活动 1 在网页中插入音频

 知识准备

一、常见音频格式

目前，各式各样的浏览器可以支持多个不同类型的声音文件格式，在将音频文件插入到网页之前，需要考虑文件大小、声音质量和在不同浏览器中的差异等因素。

以下是常见的声音文件格式及其特点。

1. MIDI 格式

这类格式用于器乐，文件非常小，不能直接进行录制，必须使用特殊的硬件和软件在计算机上合成。所有浏览器都支持 MIDI 文件，并且不需要插件。

2. WAV 格式

由 IBM 和 Microsoft 开发。未经压缩的声音格式，具有良好的声音质量，一般文件都很大。读者可以从 CD、磁带、麦克风，以及其他设备上录制自己的 WAV 文件。绝大多数浏览器都支持 WAV 文件，并且不需要插件。

3. MP3 格式

MP3 格式是一种压缩格式，文件较小，但声音质量还非常好，因此，被广泛应用在网页中。但要播放 MP3 文件，必须先下载安装相应的插件或辅助应用程序，例如，QuickTime、Windows Media Player 或 RealPlayer。

4. Real Audio 格式

Real Networks 公司的专用声音格式 ，此格式也支持视频。压缩率比 MP3 要高，因此文件比 MP3 小，但声音质量比 MP3 要差。要播放 Real Audio 文件，必须先下载安装 RealPlayer 辅助应用程序或插件。

5. WMA 格式

WMA 的全称是 Windows Media Audio，微软专用的声音格式。在压缩率和声音质量方面都超过了 MP3，即使在较低的采样频率下也较好能产生的音质。另外 WMA 还有微软的 Windows Media Player 作为其强大的后盾，在不久的将来，WMA 就会成为网络音频的主要格式。要播放 WMA 文件，只要使用的是 Windows 操作系统，是自动对 WMA 音频格式进行支持的。

二、插入音频

在网页中插入音频常见的有以下 3 种方法：

1. 链接音频

链接到音频文件是将音频添加到网页的一种简单而有效的方法。只需要将用作指向音频文件的超链接的文本或图像的【属性】面板中的"链接"设置为音频文件的路径即可。

2. 背景音乐

在代码视图中，通过向<body>标签中添加<bgsound src=URL loop="-1"/>即可。其中，URL 为音频文件及其存储路径；loop 为音频文件的循环播放方式，当它的值为"-1"时，表示反复播放，循环不止。

3. Plugins 插件

在 Dreamweaver 中选择【插入记录】→【媒体】→【插件】命令，指定音频源文件即可。

任务实施

本活动以"试听音乐网"的"新歌推荐"子页为例，介绍有关插入音频的操作。

【操作步骤】

一、创建子页

（1）打开任务一中的"index.html"文件，将文件另存为"xgtj.html"，保存在 files 文件夹内。

（2）删除原有主体表格的中间和右侧部分，修改中间单元格的宽度为"400"，水平为"居中对齐"，如图 6-2-1 所示。

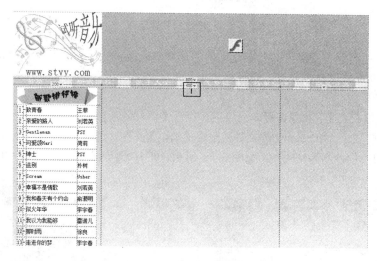

图 6-2-1　删除原有内容

二、粘贴文本

打开本项目的素材文件"item6\material"中的"wenben.txt"文件，复制文件内全部内容，将光标定位在上述主体表格中间的单元格内，选择【编辑】→【粘贴】命令，如图 6-2-2 所示。

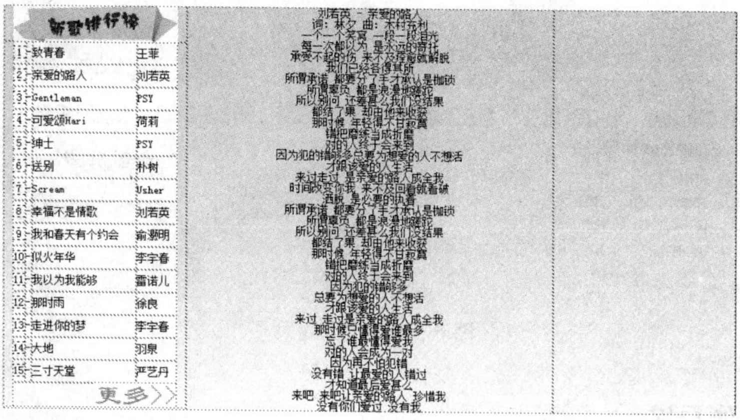

图 6-2-2　粘贴文本

三、插入音频

（1）将光标定位在主体表格右侧单元格内，插入 3 行 1 列，表格宽度为"100%"，边框粗细、单元格边距和单元格间距均为 0 的表格。在第 1 行和第 3 行单元格内分别插入图像"kuang1.gif"和"kuang3.gif"，设置第 2 行单元格的背景图像为"kuang2.gif"，虚线框制作效果如图 6-2-3 所示。

图 6-2-3　虚线框制作效果

（2）将光标定位在上述表格第 2 行单元格内，设置单元格属性水平为"居中对齐"，插入 2 行 1 列，表格宽度为"90%"，边框粗细、单元格边距和单元格间距均为 0 的表格。在第 1 行单元格内插入图像"xinge.jpg"。

（3）将光标定位在上述表格第 2 行单元格内，执行【插入记录】→【媒体】→【插件】命令，打开【选择文件】对话框，选择"luren.mp3"文件，单击【确定】按钮。选中插入的插件，在【属性】面板中设置插件的宽为"178"，高为"60"，如图 6-2-4 所示。在 IE 浏览器中预览网页，如图 6-2-5 所示。

图 6-2-4　设置插件属性

图 6-2-5　预览效果

四、制作图像导航

将光标定位在主体表格右侧单元格内，插入 5 行 1 列，表格宽度为"100%"，边框粗细和单元格边距为0，单元格间距为1。选中全部单元格，设置水平为"居中对齐"。从第1行到第5行，依次插入图像"youqing.jpg"、"11.jpg"、"12.jpg"、"13.jpg"和"14.jpg"，如图6-2-6所示。

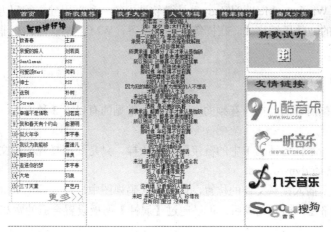

图 6-2-6　图像导航

活动2　在网页中插入视频和其他多媒体元素

 知识准备

一、常见视频格式

视频在网页中主要应用于视频点播、网络演示、远程教育、网络视频广告及互联网信息服务领域。以下是适合在网络中播放的网络流媒体影像视频文件常见的格式及其特点。

1. ASF 格式

它的英文全称为 Advanced Streaming format（高级串流格式），它是微软为了和 Real Player 竞争而推出的一种视频格式，用户可以直接使用 Windows 自带的 Windows Media Player 对其进行播放。高压缩率有利于视频流的传输，但图像质量肯定会有一定的损失。

2. Real Video 格式（RM、RAM）

它的英文全称为 Real Media。RM 格式是 RealNetworks 公司开发的一种新型流式视频文件格式，可以说是视频流技术的创始者。它可以在用 56K Modem 拨号上网的条件下实现不间断的视频播放，当然，其图像质量就不尽如人意了。RM 和 ASF 格式可以说各有千秋，通常 RM 视频更柔和一些，而 ASF 视频则相对清晰一些。现在 RealPlayer 播放软件是上网浏览视频流文件的必备工具。

3. RMVB 格式

这是一种由 RM 视频格式升级延伸出的新视频格式它的先进之处在于将静止和动作场面少的画面场景采用较低的编码速率，这样可以留出更多的带宽空间，而这些带宽会在出现快速运动的画面场景时被利用。这样在保证了静止画面质量的前提下，大幅地提高了运动图像的画面质量，从而图像质量和文件大小之间就达到了微妙的平衡。

4. MOV 格式

MOV 文件最早是 Apple 公司开发的一种音频、视频文件格式。很早微软就将该格式引入 PC 的 Windows 操作系统，我们只需在 PC 中安装 QuickTime 媒体播放软件就可播放 MOV 格式的影音文件。QuickTime 因具有跨平台、存储空间要求小等技术特点，得到业界的广泛认可，目前已成为数字媒体软件技术领域的工业标准。QuickTime 为多种流行的浏览器软件提供了相应的 QuickTime Viewer 插件，该插件可以在视频数据下载的同时就开始播放视频图像,用户不需要等到全部下载完毕就能进行欣赏。

5. WMV 格式

它的英文全称为 Windows Media Video,也是微软推出的一种采用独立编码方式并且可以直接在网上实时观看视频节目的文件压缩格式。在同等视频质量下,WMV 格式的体积非常小,因此,很适合在网上播放和传输。

二、插入视频

在网页中插入视频的方法与插入音频的方法类似,常见的有以下 3 种方法。

1. 链接视频

链接到视频方法与本任务活动 1 中的链接到音频一样,只是要选择视频源文件。

2. 设置 img 标签的 dynsrc 属性

将光标定位在需要插入视频文件的位置,切换到代码视图中,输入<img dynsrc=URL>即可。URL为视频文件及其存储路径。插入完成后,可以通过【属性】面板设置合适的宽和高。

3. Plugins 插件

在 Dreamweaver 中选择【插入记录】→【媒体】→【插件】命令,指定视频源文件即可。

三、其他多媒体元素

1. Java Applet

Java Applet 就是用 Java 语言编写的一些小应用程序,可直接嵌入到网页中,并产生各种特殊的效果。

2. ActiveX 控件

ActiveX 控件是可以充当浏览器插件的可重复使用的组件。

3. Plugins 插件

Plugins 插件是一种电脑程序,通过和应用程序的互动,来替应用程序增加一些所需的特定功能。

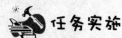 任务实施

本活动以"试听音乐网"的 "歌手大全"和"人气专辑"子页为例,介绍有关插入视频和其他多媒体元素的操作。

【操作步骤】

一、创建"歌手大全"子页

(1)打开本任务活动 1 中的"xgtj.html"文件,将文件另存为"gsdq.html",保存在 files 文件夹内。

(2)删除原有主体表格中间部分的文字和右侧上部的"新歌试听"部分,如图 6-2-7 所示。

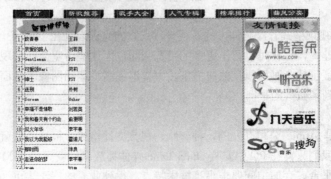

图 6-2-7 删除原有内容

二、插入视频

（1）将光标定位在主体表格中间的单元格内，插入 2 行 1 列，表格宽度为"100%"，边框粗细、单元格边距和单元格间距均为 0 的表格。

（2）设置第 1 行单元格的属性，水平为"左对齐"，垂直为"居中"，单元格高度为"30"。在该单元格中输入文字"经典 MV"，设置文本大小为"14"，粗体，如图 6-2-8 所示。

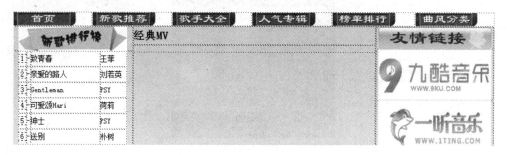

图 6-2-8　输入文字

（3）将光标定位在第 2 行单元格内，设置单元格属性，水平为"居中对齐"。切换到代码视图中，输入代码<img dynsrc="../other/1.mp4" loop="–1">，如图 6-2-9 所示。

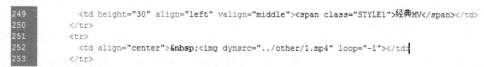

图 6-2-9　输入代码

（4）切换回设计视图，选中上述步骤插入的占位符，在【属性】面板中设置宽为"380"，高为"350"，如图 6-2-10 所示。保存预览网页，如图 6-2-11 所示。

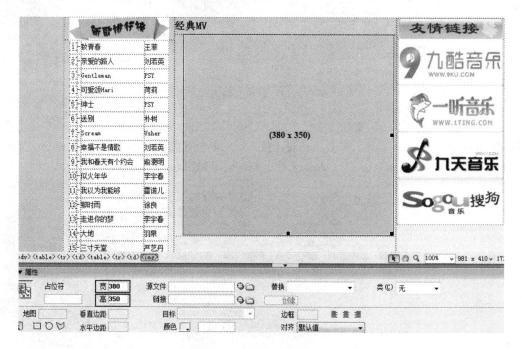

图 6-2-10　设置占位符属性

图 6-2-11　预览网页

三、创建"人气专辑"子页

（1）打开本活动中的"gsdq.html"文件，将文件另存为"rqzj.html"，保存在 files 文件夹内。

（2）删除原有主体表格中间单元格内表格的内容，如图 6-2-12 所示。在该表格的第 1 行单元格内输入文字"精彩纷呈"，设置文本大小为"14"，粗体。

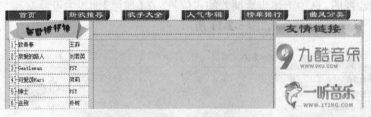

图 6-2-12　删除原有内容

（3）将站点根目录"other"文件夹中的"Lake.class"和"liushui.jpg"剪切至"files"文件夹内。将光标定位在上述表格第 2 行单元格内，选择【插入记录】→【媒体】→【Applet】命令，弹出【选择文件】对话框，选择"Lake.class"，单击【确定】按钮，如图 6-2-13 所示。

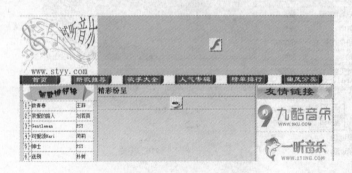

图 6-2-13　插入 Applet

（4）选中上述步骤插入的 Applet，在【属性】面板中设置宽为"380"，高为"500"，单击【参数】按钮，打开【参数】对话框，输入参数为"image"，值为"liushui.jpg"，如图 6-2-14 所示，单击【确定】按钮。

（5）切换到代码视图中，在<body>标签中输入代码<bgsound src="../other/shuisheng.wav" loop="-1" />，如图 6-2-15 所示。

图 6-2-14 编辑参数

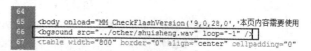

图 6-2-15 设置网页背景音乐

（6）保存预览网页，如图 6-2-16 所示。

四、按钮链接

（1）打开本站点中的"index.html"文件，选中任务一活动 1 中插入的"首页"Flash 按钮，单击【属性】面板中的【编辑】按钮，打开【插入 Flash 按钮】对话框，设置链接为"index.html"，如图 6-2-17 所示，单击【确定】按钮。

图 6-2-16 预览网页

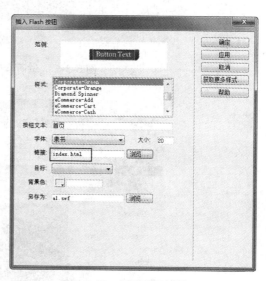

图 6-2-17 设置首页链接

（2）按照相同的方法，设置"新歌推荐"按钮的链接为"xgtj.html"、"歌手大全"按钮的链接为"gsdq.html"和"人气专辑"按钮的链接为"rqzj.html"。

至此任务二结束，"试听音乐网"的"新歌推荐"、"歌手大全"和"人气专辑"子页制作完成。

 任务小结

本任务主要介绍了常见的音频和视频格式；插入音频、视频和其他多媒体元素的方法。

项目综合实训

根据所给素材和网页最终效果图，完成"试听音乐网"中的"榜单排行"和"曲风分类"子页的制作，如图 6-3-1 和图 6-3-2 所示（素材和效果在 item6 文件夹中）。

图 6-3-1 "试听音乐网"的"榜单排行"子页

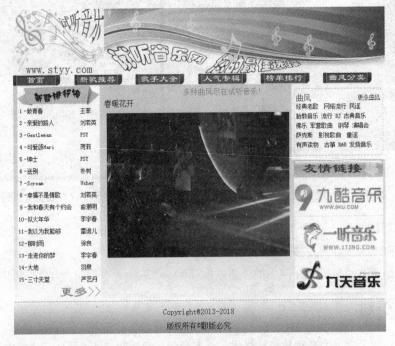

图 6-3-2 "试听音乐网"的"曲风分类"子页

项目小结

本项目以"试听音乐网"网站为例，向读者介绍了在网页中插入 Flash 内容和音频、视频的相关知识，通过本项目的学习，读者应该掌握插入 Flash 元素的方法及其属性的设置，掌握插入 Flash 视频的方法，进而能够熟练制作含有 Flash 内容的网页。还应掌握插入声音的方法，掌握插入视频和其他多媒体元素的方法，能够利用音频、视频及其他多媒体元素丰富网页。

思考与练习

一、填空题

1. 在页面中插入 Flash 视频，可以执行【插入记录】菜单中的_____，也可以单击【常用】选项卡中的_____按钮。

2. 常见的 Flash 文件的格式有_____、_____和模板文件格式。

3. 如果需要设置背景音乐不停地循环播放，参数 loop 的值应该是_____。

4. _____格式是微软专属的声音格式文件。

5. _____格式可以说是视频流技术的创始者。

二、不定项选择题

1. 在 Dreamweaver 中，可以向网页中插入的多媒体格式有（ ）。
   A．Plugins   B．ActiveX   C．Applet   D．A 和 C

2. 设置 Flash 背景透明，需要用到（ ）参数。
   A．table   B．loop   C．wmode   D．direction

3. 添加背景音乐的 HTML 标签是（ ）。
   A．<bgsound>   B．<bgmusic>   C．<bgm>   D．<music>

4. 下面（ ）按钮是用来插入 Flash 按钮的。
   A．   B．   C．   D．

5. 在 Dreamweaver 中，关于插入到页面中的 Flash 动画说法错误的是（ ）。
   A．具有.fla 扩展名的 Flash 文件尚未在 Flash 中发布，不能导入到 Dreamweaver 中
   B．Flash 在 Dreamweaver 的编辑状态下可以预览动画
   C．在【属性】面板中可以为影片设置播放参数
   D．Flash 文件只有在浏览器中才能播放

三、简答题

1. 常见的音频格式有哪些？

2. 插入视频的方法有哪些？

项目七　使用模板和库

▌▌项目概述

　　在建立和维护一个站点的时候，往往需要建立外观及部分内容相同的大量网页，使站点具有统一的风格。如果逐页建立、修改，会非常费时、费力，且效率不高，一个站点很难做到有统一的外观及结构。Dreamweaver提供了可以重复使用的部件来解决这个问题，这就是模板和库。

　　通过本项目内容的学习，可以了解模板和库的概念。掌握模板和库的操作方法，能够合理运用模板和库组织部分内容相同的网页。

▌▌项目分析

　　本项目包括两个任务，分别是模板的使用和库的使用。主要向读者介绍模板和库的相关知识及基本操作。模板和库的灵活运用将大大提高网页设计的效率。

▌▌项目目标

- 了解模板的概念。
- 掌握创建、编辑模板及管理模板的方法。
- 了解库的概念。
- 掌握库的基本操作。
- 能够利用模板和库创建网页。

任务一　模板的应用

　　通过本任务的学习，读者应该了解 Dreamweaver 模板的概念。掌握创建、编辑模板及管理模板的方法。

活动　认识、创建、应用模板

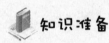
知识准备

一、模板概述

　　（1）用 Dreamweaver 设计网站中的网页时，如果各网页拥有相同的布局，仅部分区域内容不同，则可以制作一个"模板"文件，指定哪些区域固定，哪些区域可编辑，所有这些具有相同布局的网页都由这一模板创建，只需填写可编辑区域即可。当模板更新时，所有基于该模板的网页也随之更新，这大大提高了网页更新维护的效率。

　　（2）使用模板可以控制大的设计区域，以及重复使用完整的布局。如果要重复使用个别设计元素，如站点的版权信息或徽标，则可以创建库项目。

（3）Dreamweaver 中的模板与其他软件中的模板的不同之处在于，默认情况下 Dreamweaver 模板页面中的各部分是固定（即不可编辑）的，必须在模板中设置可编辑区域才可以使用。

（4）在建立模板前应先建立站点。模板文件以".dwt"为扩展名保存于站点根目录的"Templates"文件夹。

（5）模板区域的类型

将文档另存为模板以后，文档的大部分区域就被锁定。模板设计者在模板中插入可编辑区域或可编辑参数，从而指定在基于模板的文档中哪些区域可以编辑。

创建模板时，可编辑区域和锁定区域都可以更改。而在基于模板的文档中，模板用户只能在可编辑区域中进行更改，不能修改锁定区域。

共有以下 4 种类型的模板区域：

① 可编辑区域：也就是基于模板创建的网页中用户可以编辑的部分。模板设计者可以将模板的任何区域指定为可编辑的。模板中至少应该包含一个可编辑区域，否则基于该模板的页面是不可编辑的。

② 重复区域：文档布局的一部分，设置该部分可以使模板用户必要时在基于模板的文档中添加或删除重复区域的副本。

可以在模板中插入的重复区域有两种：重复区域和重复表格。重复表格使用较多，但也可以为其他页面元素定义重复区域。重复区域的内容在基于模板的网页中是不可编辑的，要想可编辑需在模板的重复区域内插入可编辑区域。插入重复表格的同时可指定可编辑表格行。也可以在插入重复表格后，在单元格内插入可编辑区域。

③ 可选区域：模板中放置内容（如文本或图像）的部分，该部分在文档中可以出现也可以不出现。在基于模板的页面上，可由使用模板的用户控制是否显示内容。

④ 可编辑标签属性：用于对模板中的标签属性解除锁定，这样就可以在基于模板的页面中编辑相应的属性。例如，可以"锁定"出现在文档中的图像，而允许模板用户将该图像的对齐方式设置为左对齐、右对齐或居中对齐。

二、模板的操作

1. 创建新模板

（1）选择【文件】→【新建】命令，弹出【新建文档】对话框，如图 7-1-1 所示。

（2）依次选择【空白页】→【页面类型：HTML 模板】（或【空模板】→【页面类型：HTML 模板】），再选择布局、文档类型及 CSS 位置等，然后单击【创建】按钮。

（3）根据网页布局编辑模板，在文档中创建锁定区域、可编辑区域、重复区域和可选区域等。

也可以通过在【资源】面板中，单击【模板】按钮，再单击【新建模板】按钮 创建一个新模板，如图 7-1-2 所示。

图 7-1-1 【新建文档】对话框

图 7-1-2 资源面板

为模板命名后，双击模板文件名，或在该模板高亮时，单击【编辑】按钮 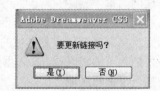，即可对模板进行编辑。

2．利用已有网页创建模板

如果已经做好一个网页，要以它为样板创建其他网页，则可以将其另存为模板。方法如下：

（1）打开要另存为模板的网页文件。

（2）单击【插入】面板【常用】栏【模板】按钮右侧下箭头，打开其下拉菜单，单击【创建模板】菜单项；或选择【文件】→【另存为模板】菜单；或选择【插入记录】→【模板对象】→【创建模板】菜单，弹出【另存模板】对话框，如图 7-1-3 所示。

（3）在【站点】下拉列表内选择本地站点，在【另存为】文本框输入模板文件名（此处输入"tmp1"），可以在【描述】文本框内输入介绍性的描述文字。

（4）单击【保存】按钮，会弹出一个提示框，如图 7-1-4 所示。

图 7-1-3　【另存模板】对话框

图 7-1-4　另存为模板提示框

（5）单击【是】按钮，Dreamweaver 会自动更改网页中的链接，保证模板文件保存在"Templates"文件夹内后也不断链；单击【否】按钮，模板文件保存在"Templates"文件夹内后会断链。

注意：模板会自动保存在网站根目录下"Templates"文件夹内，如果站点文件夹内没有这个文件夹，会自动创建这个文件夹。如果在建立模板时，还没有站点，也会提示先创建站点。

设计者也可以选择【文件】→【另存为】命令，在【另存为】对话框的【保存类型】下拉列表框内选择【模板文件（*.dwt）】选项，选择保存路径、输入文件名，也可保存为模板文件。

（6）将需变动的部分删除，插入可编辑区域，以及其他所需的编辑，完成后保存模板。

3．设置模板网页的可编辑区域

模板网页内需设置可编辑区域，基于此模板创建的网页中只有可编辑区域中的内容才可以改变。

在模板网页内设置可编辑区域的方法如下：

（1）按照前面的方法创建一个模板网页，再将光标定位在要创建可编辑区域的左上方。

（2）选择【插入记录】→【模板对象】→【可编辑区域】菜单命令，弹出【新建可编辑区域】对话框，如图 7-1-5 所示。

（3）在【名称】文本框内输入可编辑区域的名称，单击【确定】按钮，即在当前位置插入了一个可编辑区域，如图 7-1-6 所示。删除黑底白字的"EditRegion1"，即可形成一个可编辑区域，蓝底黑字的"EditRegion1"在网页中不会显示出来。

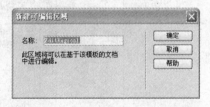

图 7-1-5 【新建可编辑区域】对话框

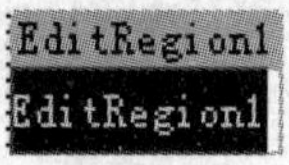

图 7-1-6　新建的可编辑区域

4. 使用模板创建新网页

（1）选择【文件】→【新建】命令，弹出【新建文档】对话框。

（2）在左侧选择【模板中的页】，再依次选择【站点】及【站点中的模板】，复选【当模板改变时更新网页】（这样，在以后网站改版，模板更新时网页也会随之自动更新），如图 7-1-7 所示。

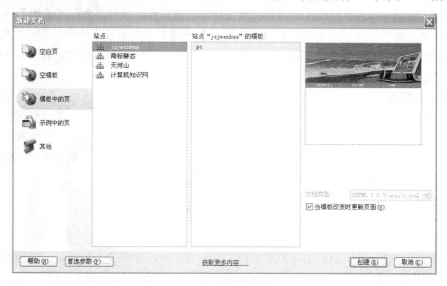

图 7-1-7 【新建文档】对话框

（3）单击【创建】按钮。

5. 在页面内使用新模板

1）方法 1

在模板所在站点的文件夹内创建一个新的 HTML 网页，然后选择【修改】→【模板】→【应用模板到页】菜单命令，弹出【选择模板】对话框，选择要套用的模板后，单击【选定】按钮。

2）方法 2

在模板所在站点内创建一个新的 HTML 网页，然后单击【资源】面板的【模板】按钮，选择要应用的模板文件的名称，将其拖放到页面中或单击【资源】面板的【应用】按钮。

6. 模板的可选区域、重复区域和嵌套模板

1）设置模板的可选区域

可以在模板中定义可选区域，在基于模板的文档中，可以选择可选区域是否显示。设置与使用可选区域的方法如下：

（1）设置：选中需设为可选区域的对象，选择【插入记录】→【模板对象】→【可选区域】命令，弹出【新建可选区域】对话框，在【名称】框中输入可选区域的名称，复选框【默认显示】是否选中决定基于模板的网页是否默认显示，单击【确定】按钮，即可将选定内容设为可选区域。

（2）使用：利用上边创建的模板创建一个网页，选择【修改】→【模板属性】菜单命令，弹出【模板属性】对话框，可以设置某可选区域是否显示。

选择【插入记录】→【模板对象】→【可编辑的可选区域】命令，即可将选中对象所在的区域定义为"可编辑的可选区域"。或者先插入可选区域，再在这个可选区域内插入一个可编辑区域，也可将选中对象所在的区域定义为"可编辑的可选区域"。

2）设置模板的重复区域

重复区域是网页中重复显示的部分，在模板中可以定义"重复区域"和"重复表格"两种重复区

域，且重复表格应用较多。设置与使用重复表格的方法如下：

（1）设置：将光标定位到要插入重复表格的位置，选择【插入记录】→【模板对象】→【重复表格】命令，弹出【插入重复表格】对话框。输入各项参数，重复表格行的起始行和结束行确定重复的可编辑表格行各单元格。确定后保存模板。

（2）使用：创建一个基于该模板的网页，将光标定位在重复表格内，选择【编辑】→【重复项】→【复制重复项】命令，再选择【编辑】→【重复项】→【粘贴重复项】命令，即可粘贴重复表格。单击【+】按钮，可以再粘贴一次重复表格；单击【—】按钮可删除当前重复表格。另外两个箭头按钮可以使当前表格上移或下移一个重复表格。

3）创建嵌套模板

嵌套模板就是基于另一个模板创建的模板。要创建嵌套模板，首先要保存基础模板，再利用基础模板创建一个新的网页，再把这个网页保存为新的模板。在新模板中，可以对基础模板中定义的可编辑区域做进一步定义。修改基础模板可以自动更新基于基础模板创建的模板和基于基础模板及其嵌套模板创建的所有网页文档。

7. 模板的更新

1）自动更新

（1）打开要更新的模板文件，进行编辑修改。

（2）保存模板文件，此时会弹出【更新模板文件】对话框，如图 7-1-8 所示，提示是否更新基于该模板的网页。若单击"不更新"按钮，则不自动更新，以后可以手动更新。

（3）单击【更新】按钮，完成所有基于该模板的网页的更新，并弹出一个【更新页面】对话框。复选【显示记录】，可查看详细信息，如图 7-1-9 所示。

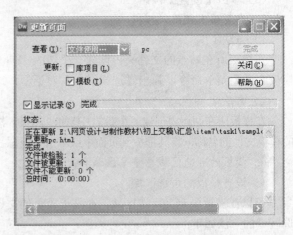

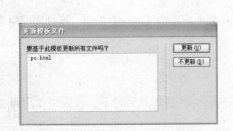

图 7-1-8 【更新模板文件】对话框　　　　　　　图 7-1-9 【更新页面】对话框

（4）在【查看】下拉列表选择【整个站点】，再在其后的下拉列表中选择站点，单击【开始】按钮，可对选择的站点进行检验和更新。

2）手动更新

（1）打开要更新的网页文档，选择【修改】→【模板】→【更新当前页】命令，即可将当前网页按更新后的模板进行更新。

（2）如果要更新所有和修改后的模板相关联的网页，则选择【修改】→【模板】→【更新页面】命令，弹出【更新页面】对话框。在【查看】下拉列表中选择【整个站点】，在其后的下拉列表中选择当前站点，表示可将与当前整个站点的所有已更新的模板文件相关的网页进行更新；若选择【文件使用】，在其后的【模板文件】下拉列表选择已做修改的一个模板文件，表示将使用该模板文件的所有网页更新，单击【开始】按钮完成更新，并给出如图 7-1-9 所示的检验信息报告。

8．模板的其他操作

1）将网页从模板中分离

有时我们希望网页不再受模板的约束，这时可以选择【修改】→【模板】→【从模板中分离】命令，使该网页与模板分离。

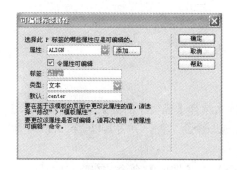

图 7-1-10　【可编辑标签属性】对话框

网页与模板分离后，该网页的任何部分都可以自由编辑；但是当它原来所基于的模板更新后，该网页也不会再受影响。

2）将 HTML 标记属性设置为可编辑

选择【修改】→【模板】→【令属性可编辑】命令，弹出【可编辑标签属性】对话框，如图 7-1-10 所示。从【属性】下拉列表中选择一个属性标记，或者单击【添加】按钮手动添加，然后单击【确定】按钮。

注意：如果没有出现【令属性可编辑】子菜单，则在代码视图中选中完整的可编辑区域的代码后再返回设计视图即可。

3）输出没有模板标记的站点

选择【修改】→【模板】→【不带标记导出】命令，弹出【导出为无模板标记的站点】对话框，如图 7-1-11 所示。

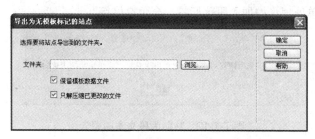

图 7-1-11　【导出为无模板标记的站点】对话框

单击【浏览】按钮，弹出【解压缩模板 XML】对话框，在该对话框内选择输出路径（必须选择当前站点以外的文件夹）后返回；如果要保存模板文件的 XML 版本，则勾选【保留模板数据文件】；如果只想更新在以前导出文件的基础上修改过的文件，则勾选【只解压缩已更改的文件】。单击【确定】按钮，即可输出没有模板标记的站点。

任务实施

下面通过一个实例学习模板的制作与应用。

【操作步骤】

（1）利用 "fnym.html" 网页创建模板文件 "pc.dwt"，并设置可编辑区域。

① 新建一个文件夹，命名为 "jsjwenhua"，复制素材 "item7\task1\material" 文件夹里的全部文件和文件夹内容到该文件夹。

② 新建一个站点，将该站点命名为 "jsjwenhua"，指定上一步所建的文件夹为站点的根文件夹，各选项默认即可。

③ 打开该站点内的 "fnym.html" 文件，选择【文件】→【另存为模板】命令，在弹出的【另存模板】对话框（图 7-1-3）中的【另存为】文本框中，输入 "pc"，作为模板文件名。

④ 单击【保存】按钮，在弹出的【要更新链接吗？】对话框（图7-1-4）的提示中，单击【是】按钮。此时，【文件】面板中站点根目录下会出现一个"Templates"文件夹，刚才的文件则被另存为"pc.dwt"。

⑤ 删除网页正文中的图片和文字内容。

⑥ 新建3个可编辑区域，分别用来输入图片、图片名称、正文内容。

⑦ 保存并关闭文件。

（2）使用模板创建新文件。

① 选择【文件】→【新建】命令，在弹出的对话框中，依次选择【模板中的页】→【jsjwenhua】→【pc.dwt】（图7-1-7），单击【创建】按钮，在文档窗口生成一个新文件，并将其以"pc.html"为文件名保存在网站根目录。

② 将光标置于"EditRegion1"的空白处，选择【插入记录】→【图像】命令，在弹出的【选择图像源文件】对话框中，选择"images"文件夹下的"tixi.jpg"文件，即在可编辑区域内插入了一个图片。

③ 选中刚才插入的图片，确保其【属性】面板中【源文件】为相对路径"images/tixi.jpg"。

④ 将光标置于"EditRegion2"的空白处，输入或粘贴文字"冯诺依曼体系"。

⑤ 将光标置于"EditRegion3"的空白处，粘贴素材"item7\task1\material"第二段开始至结尾的文本。如果出现如图7-1-12所示的警告，则单击【确定】按钮关闭该对话框，然后在代码视图中粘贴文本，并进行文本的简单处理（如加入段落标签、全角空格等）。

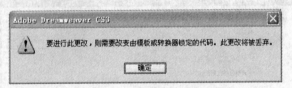

图 7-1-12　粘贴大段文本的警告

⑥ 保存文件，并在浏览器中查看效果。

（3）修改模板并更新相关网页文件。

在利用"fnym.html"网页制作模板时，插入的可编辑区域可能都是居中的。而最后插入的大段文本在浏览器中居中显示可能并不是我们所要的效果，此时，只能去修改模板，把模板中相应的格式进行更改即可。在模板文件中去掉"EditRegion3"居中属性的步骤如下：

① 在【文件】面板双击"pc.dwt"打开模板文件，单击"EditRegion3"。

② 切换到代码视图，删除<p>标签中"align="center""。保存模板文件，并更新网页。

③ 切换到"pc.html"文档，保存文件。

注意： 也可以将"EditRegion3"可编辑区域选择【修改】→【模板】→【令属性可编辑】命令，将其"align"属性设为可更改后在编辑"pc.html"网页时用【修改】→【模板属性】命令修改"align"属性。

 任务小结

（1）将布局相同的网页定义为模板后，相同的部分被锁定，只有一部分内容可以编辑，避免了对无须改动部分的误操作。对于基本格式相同，而具体内容不同的网页，均可使用模板来制作。

（2）模板有可编辑区域和不可编辑区域。可编辑区域的内容是可以改变的；不可编辑区域的内容是不可改变的。

（3）创建模板后，相同格式的网页由此模板生成。创建新网页时由模板生成，只在可编辑区域输入内容即可，更新网页只需在可编辑区域更换内容。若要对网站改版时，只需修改模板，所有应用模板的网页都可以自动更新。

（4）因为模板用于一个网站的有相同风格的网页，所以必须建立站点后才可以使用模板。

任务二　库的应用

通过本任务的学习，读者应该了解什么是库，掌握库项目的创建、编辑和使用，以及相关文档的更新方法。

活动　认识、创建、应用库项目

 知识准备

一、库概述

（1）在 Dreamweaver 中，使用模板控制大的设计区域，若只需控制网站 Logo 或版权信息等小型设计资源，则应使用"库"。库是一种特殊的文件，其中包含可放置到网页中的一组单个资源或资源副本，这些资源称为"库项目"，它们可以是图像、表格、声音或 Flash 文件。库文件以".lbi"为扩展名存储在站点根目录下的"Library"文件夹内。

（2）网站中需要经常更新的页面元素，它们只是网页中的一小部分，在各个页面中的位置可能不同，但内容却一致。可以将这样的内容保存为一个库项目，在需要的时候插入所编辑的网页。当库项目更新时，所有使用该库项目的网页自动更新。

图 7-2-1　"库"类别

二、库应用

1. 创建库项目

1）基于选定内容创建库项目

（1）单击【资源】面板左边的【库】类别按钮，【资源】面板切换显示为【库】类别（又称库管理器），如图 7-2-1。

（2）选中网页中要保存为库项目的部分，如一幅图片。

（3）执行下列操作之一：

① 将选定内容拖入【库】类别。

② 单击【库】类别底部的【新建库项目】按钮。

③ 选择【修改】→【库】→【增加对象到库】命令。

（4）系统自动命名为"Untitled×"，可以为其输入一个有意义的名称后回车，即生成了一个新的库项目，网页中的该对象即作为一个该库项目的引用存在。

注意：如果在拖放对象时按 Ctrl 键，则生成新的库项目时网页中的该对象保持原状而不作为库项目的引用。

2）创建空白库项目

（1）确保在【文档】窗口中没有选择任何内容。如果选择了某些内容，它们将被放入新的库项目中。

（2）在【资源】面板中，选择【库】类别。

（3）单击面板底部的【新建库项目】按钮。

（4）为该项目输入一个名称。

可以在【库】面板中双击空白库项目，在一个类似网页文档的窗口打开，对其进行编辑。

2．在网页文档中插入库项目

当向网页添加库项目时，实际内容将随该库项目的引用一起插入到文档中。

（1）在【文档】窗口中设置插入点。

（2）在【资源】面板中，选择【库】类别。

（3）执行下列操作之一：

① 将一个库项目从【资源】面板拖动到网页【文档】窗口中。

② 选择一个库项目，然后单击【插入】。

注意：若要在网页中插入库项目的内容而不包括对该项目的引用，则在从【资源】面板向外拖动该项目时按 Ctrl 键。如果用这种方法插入项目，则可以在网页中编辑该项目，但当更新该库项目时，该网页不会随之更新。

3．编辑库项目和更新网页

当编辑库项目时，可以更新使用该项目的所有网页。如果选择不更新，网页将保持与库项目的关联，可以在以后更新网页。

可以重命名项目来断开它与网页或模板的连接，可以从站点的库中删除项目，还可以重新创建丢失的库项目。

注意：编辑库项目时，【CSS 样式】面板不可用，因为库项目只能包含 body 元素，并且层叠样式表（CSS）代码插入到文档的 head 部分内。【页面属性】对话框也不可用，因为库项目中不能包含 body 标签或其属性。

1）编辑库项目

（1）在【资源】面板中，选择【库】类别。

（2）选择要编辑的库项目。

（3）单击【编辑】按钮或双击该库项目。打开一个与【文档】窗口类似的新窗口用于编辑该库项目。

（4）进行相应的更改，然后保存。弹出"更新库项目"对话框。

（5）指定是否更新本地站点中使用该库项目的网页。选择【更新】可立即进行更新。如果选择【不更新】，则不会更新网页。

2）更新当前网页以使用所有库项目的当前版本

选择【修改】→【库】→【更新当前页】。

3）更新整个站点或所有使用特定库项目的网页

（1）选择【修改】→【库】→【更新页面】命令，弹出"更新页面"对话框，如图 7-2-2 所示。

（2）在【查看】下拉列表中，指定要更新的内容：

① 若要更新选定站点中的所有页面，以使用所有库项目的当前版本，则选择【整个站点】，然后从相邻的弹出菜单中选择该站点的名称。

② 若要更新当前站点中使用该库项目的所有页面，则选择【文件使用】，然后从相邻的弹出菜单中选择库项目的名称。

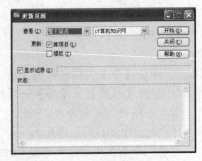

图 7-2-2 【更新页面】对话框

（3）确保【更新】选择了了【库项目】选项（若要同时更新模板，将【模板】选项也选定）。

（4）单击【开始】按钮。

Dreamweaver 将按照指定更新文件。如果选定了【显示记录】选项，Dreamweaver 会生成一个报告，指明文件的更新是否成功及一些其他信息。

4）重命名库项目

（1）在【资源】面板中，选择【库】类别。

（2）两次单击要重命名的库项目（注意：不要双击库项目名称，双击会打开库项目进行编辑）。

（3）输入新的名称。

（4）单击别处或者按回车。

（5）选择【更新】或【不更新】，指定是否更新使用该项目的网页。

5）从库中删除库项目

当删除库项目时，Dreamweaver 将从库中删除该项目，但不更改使用该项目的任何网页的内容。

（1）在【资源】面板中，选择【库】类别。

（2）选择要删除的库项目。

（3）单击【删除】按钮或按 Delete 键，然后确认要删除该项目。

注意：如果删除了某个库项目，则不能使用【撤消】来找回该项目，但可以重新创建该项目。

6）重新创建丢失或已删除的库项目

（1）在某个网页文档中选择该项目的一个实例。

（2）在【属性】面板中单击【重新创建】按钮。

4. 编辑库项目属性

可以使用属性面板对库项目执行下列操作：

打开库项目进行编辑，将选定的库项目与其源文件分离，或用当前选定的库项目来覆盖某个项目。

（1）在网页文档中选择库项目。

（2）在【属性】面板中（图 7-2-3）选择下列选项之一：

① 源文件。显示库项目源文件的文件名和位置，不能编辑此信息。

②【打开】按钮。打开库项目的源文件进行编辑，这等同于在【资源】面板中选择项目并单击【编辑】按钮。

图 7-2-3 【库项目】属性面板

③【从源文件中分离】按钮。断开所选库项目与其源文件之间的链接，可以在网页文档中编辑已分离的项目，但是，该项目已不再是库项目，在更改源文件时不会对其进行更新。

④【重新创建】按钮。用当前选定内容覆盖原始库项目，使用此选项可以在丢失或意外删除原始库项目时重新创建库项目。

 **任务实施**

下面通过一个实例学习库的应用。

【操作步骤】

（1）将电子工业出版社 Logo 和版权文本分别制作成库。

① 打开任务一网站 "jsjwenhua" 中 "fnym.html" 文件。

② 不要选中任何内容，打开【资源】面板，单击右下方【新建库项目】按钮，出现一行名为 "Untitled" 的库项目，将其改为 "LOGO"。此时，切换到【文件】类别会看到出现一个 "Library" 文件夹，内有

一个"LOGO.lbi"文件。

③ 在【资源】面板双击【LOGO】，打开"LOGO.lbi"文档编辑窗口。

④ 插入"images\logo.jpg"文件，保存并关闭该文件。

⑤ 用同样的方法创建"copyright.lbi"，其内容为"item7\task2\material\copyright.txt"文件内容。

（2）在网页文件中应用库。

① 切换到"fnym.html"文档窗口。

② 在文档最下方"计算机知识网"单元格内单击，在其下方插入一表格行。

③ 将新表格行的背景色设为白色，并拆分为两列。

④ 将LOGO库项目拖入第一列，将copyright库项目拖入第二列，并调整表格列宽。

⑤ 保存文件，并在浏览器中查看文件。可以修改库项目并更新网页，观察变化。

 任务小结

（1）库和模板一样都是应用于网站。在创建库项目和模板文件前应先建立站点。如果网站中各网页有相同的元素，则可以将这些元素保存为库，而如果是大片的内容相同，则应该使用模板。

（2）所有的库项目都保存在网站根目录"Library"文件夹内，每一个库项目是一个"lbi"文件。当库项目更新时，引用该库项目的所有网页可以自动更新。

（3）网页中的库项目不可被编辑。如果要更改所有网页所引用的库项目，则编辑库项目；如果仅想修改某一网页中的库项目，则先将其【从源文件中分离】后再编辑，不过其对应的库项目以后更新时也不会影响该网页。

 项目综合实训

要求：

（1）利用所给素材，在任务一的"jsjwenhua"网站中以"pc.dwt"为模板，依次制作其余各网页。

（2）修改"pc.dwt"，将上方的不可编辑区域各文本制作成超级链接，并更新所有网页。

（3）在"pc.dwt"模板网页中适当位置插入库项目"Logo"或"copyright"，并更新网页。修改库项目内容，查看相应网页变化。

项目小结

模板和库是Dreamweaver特有的两种文档，它们存在的前提是必须先建立一个站点。

模板用于将具有相同网页结构的页面制作成一个模板文件，以".dwt"为扩展名存放于站点根目录的"Templates"文件夹内，所有具有该网页结构的页面均可由此模板生成，设计者不需重复制作相同页面，只需填写变化部分即可，大大提高了网页制作及网站开发的效率。

库用于一些较小的可能会经常更新的页面元素的有效利用。在进行网页设计时往往有一些页面元素，它们在各个网页中的位置不同，但是内容却相同，而且可能会需要经常更新，这时就可以将这些元素制作成库，以".lbi"为扩展名存放于站点根目录的"Library"文件夹内。使用了库的网页中往往只保存来自每一个库项目的相对链接，当库项目更新时可自动或手动更新引用库项目的页面，而原始文件必须保存在指定的位置，才能确保库项目的正确使用。

思考与练习

1．模板分为＿＿＿＿＿＿和＿＿＿＿＿＿区域。

2．模板文件保存在＿＿＿＿＿＿＿＿文件夹内。

3．Dreamweaver 共有 4 种类型的模板区域，即＿＿＿＿＿、＿＿＿＿＿＿、＿＿＿＿＿和＿＿＿＿＿＿＿。

4．用 Dreamweaver 设计网页时，如果一个网站中有大片的内容相同，则可以使用＿＿＿＿＿，如果有个别元素相同，则可以把这些元素保存为＿＿＿＿＿。

项目八　表单与 Spry 构件

▎项目概述

随着网站功能的逐渐强大和完善,用户对网页的要求不仅局限于单方面的获取信息,还需要相互的交流,这就要用到表单网页了。表单是收集访问者反馈信息的有效方式,应用在网站的方方面面,如搜索页面、登录页面、注册页面、问卷调查页面,以及一些提交意见、投票的页面等。另外,在 Dreamweaver CS3 中增加了 Spry,其内置的表单验证功能,大大方便了设计新手,同时给用户带来了 Ajax 视觉效果。

▎项目分析

本项目包括两个任务:应用表单和在网页中应用 Spry 构件。任务一主要向读者介绍表单的基本概念,插入和设置不同表单对象属性的方法,以及验证表单输入的方法。任务二介绍 Spry 构件的基本信息,插入 Spry 构件的方法,编辑各种 Spry 构件的方法。

▎项目目标

- 理解表单的基本概念。
- 掌握插入和设置表单对象属性的方法。
- 掌握验证表单的方法。
- 能够熟练制作并验证含有不同表单对象的网页。
- 了解 Spry 构件的基本信息
- 掌握插入 Spry 构件的方法。
- 掌握编辑 Spry 构件的方法。
- 能够熟练运用 Spry 构件制作网页。

任务一　应用表单

表单在网页中最多的用途就是填写用户信息,例如,在申请某网站的电子邮箱时,就要求填写一些个人信息,而添加这些个人信息的功能,就是由表单来实现的。表单通常由两部分组成:一部分是描述表单元素的 HTML 源代码;另一部分是客户端处理用户所填信息的程序。

通过本任务的学习,读者应该理解表单的概念。掌握插入和设置表单对象属性的方法。掌握验证表单的方法。

活动 1　使用表单制作"注册页面"

 知识准备

一、认识表单

表单主要用来收集浏览者输入的信息,是用户反馈信息的重要来源。但是表单只是起装载作用,在表单中添加表单对象后才能起作用。插入表单后，在文档中将以红色虚线表示表单区域，所有表单对象只能插入在红色虚线内。

1. 插入表单

选择【插入记录】→【表单】→【表单】命令，或单击【插入】工具栏【表单】选项中的【表单】按钮 ▢，如图 8-1-1 所示。

2. 设置表单属性

在红色虚线内单击，【属性】面板如图 8-1-2 所示。

图 8-1-1 插入表单   图 8-1-2 【属性】面板

（1）表单名称：为表单设置唯一名称。
（2）动作：指定将处理表单数据的页面或脚本。
（3）方法：指定将表单数据传输到服务器的方法。
（4）MIME 类型：指定对提交给服务器进行处理的数据使用 MIME 编码类型。

二、表单对象

在 Dreamweaver 中，表单输入类型称为表单对象。表单对象是允许用户输入数据的机制。常见的表单对象如下。

1. 文本域

在文本域内可输入任何类型的字母、数字或文本内容。文本可按单行或多行显示，也可按密码域的方式显示，在这种情况下，输入文本将被替换为星号或项目符号，以避免旁观者看到这些文本。

2. 按钮

按钮对于表单来说是必不可少的，它可以控制表单的操作。使用按钮可以将表单数据提交到服务器，或者重置该表单。

3. 复选框

复选框允许在一组选项中选择多个选项。

4. 单选按钮

单选按钮代表互相排斥的选择。它主要用于标记一个选项是否被选中，单选按钮只允许用户从选项中选择唯一答案。单选按钮通常成组使用，同组中的单选按钮必须具有相同的名称，但它们的选定值是不同的。

5. 列表/菜单

列表/菜单可以显示一个包含有多个选项的可滚动列表，在列表中可以选择需要的项目。菜单和列表类型是有一些区别的，菜单只允许单项选择，而列表则可选取多项。

6. 文件域

文件域使用户可以浏览到其计算机上的某个文件并将该文件作为表单数据上传。但是，真正上传文件还需要相应的上传组件才能进行，文件域仅仅是起供用户浏览并选择计算机上文件的作用，并不起上传的作用。

7. 图像域

图像域用于在表单中插入一幅图像，使该图像生成图形化按钮，例如，【提交】或【重置】按钮，从而代替标准按钮的工作。

8. 跳转菜单

跳转菜单弹出的菜单选项具有跳转到其他网页的功能。使用跳转菜单可直接跳转至某个网页或文件。

9. 字段集

使用字段集可以在页面中显示一个圆角矩形框，将一些内容相关的表单对象放在一起。可以先插入字段集，然后再在其中插入表单对象。也可以先插入表单对象，然后将它们选择再插入字段集。

上述所有表单对象都可以通过选择【插入记录】→【表单】命令，或单击【插入】工具栏【表单】选项中的相应按钮，在表单区域中插入表单对象。

三、设置表单对象的属性

设置表单对象的属性，需要先选中表单对象，然后通过【属性】面板进行设置。

1. 文本域

设置文本域的属性，如图 8-1-3 所示。

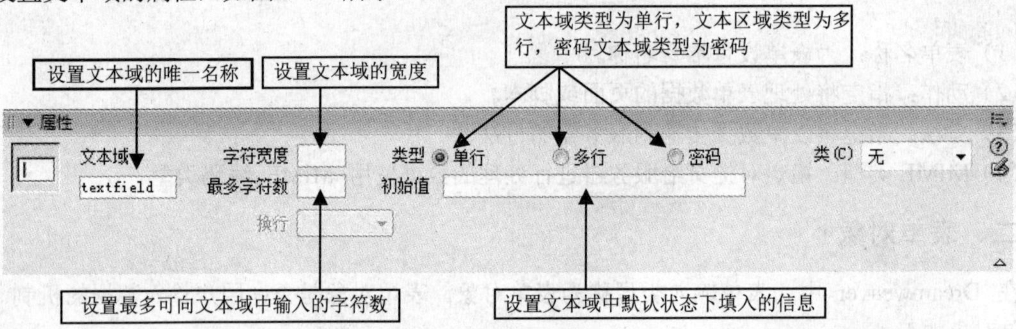

图 8-1-3　文本域属性

2. 按钮

设置按钮的属性，如图 8-1-4 所示。

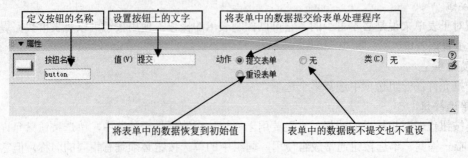

图 8-1-4　按钮属性

3. 复选框

设置复选框的属性，如图 8-1-5 所示。

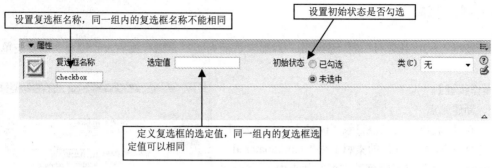

图 8-1-5　复选框属性

4．单选按钮

单选按钮所具有的属性与复选框类似，但是同一组内的单选按钮名称必须相同，选定值不能相同，这一点与复选框刚好相反。

5．列表/菜单

设置列表/菜单的属性，如图 8-1-6 所示。

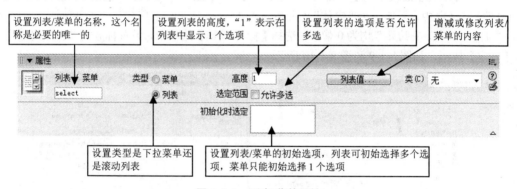

图 8-1-6　列表/菜单属性

6．文件域

文件域所具有的属性在文本域的属性中均已介绍，这里不再赘述。

7．图像域

设置图像域的属性，如图 8-1-7 所示。

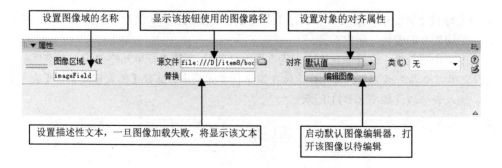

图 8-1-7　图像域属性

8．跳转菜单

跳转菜单属性设置与列表/菜单相同。

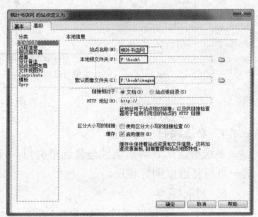

任务实施

本活动以"枫叶书店网"的"企业用户注册"页面为例，介绍有关插入和设置表单及表单对象的操作。

【操作步骤】

一、新建站点

（1）在 F 盘建立站点根目录"book"文件夹及其子文件夹"files"，将本项目的素材文件"item8\material"中的"images"文件夹复制到站点根文件夹中。

（2）启动 Dreamweaver CS3，通过【高级】选项卡，建立站点，如图 8-1-8 所示。

二、新建注册页面

（1）新建"zhuce1.html"文件，保存在站点中的"files"文件夹中。

（2）单击【属性】面板中的【页面属性】按钮，在

图 8-1-8 新建站点

【页面属性】对话框中设置字体为"宋体"，大小为"12点"，"上、下、左、右边距"均为 0 像素，选择【标题/编码】选项卡，设置标题为"企业用户注册"，单击【确定】按钮，如图 8-1-9 和图 8-1-10 所示。

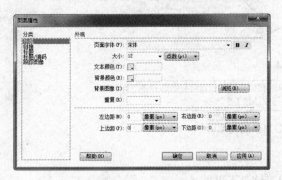

图 8-1-9 设置外观

图 8-1-10 设置网页标题

三、插入表单对象，并设置属性

（1）将光标置于页面中，插入一个 2 行 1 列，表格宽度为"800 像素"，边框粗细、单元格边距和单元格间距均为 0 的表格，居中对齐。

（2）选中两个单元格，设置单元格水平为"居中对齐"。在第 1 行单元格中输入文字"企业用户注册"，修改文字大小为"24 点"；将光标定位在第 2 行单元格中，选择【插入记录】→【表单】→【表单】命令，插入表单域，如图 8-1-11 所示。

企业用户注册

图 8-1-11 插入表单域

（3）将光标定位在第 2 行单元格中，插入一个 4 行 1 列，表格宽度为"600 像素"，边框粗细、单元格边距和单元格间距均为 0 的表格，如图 8-1-12 所示。

图 8-1-12 插入表格

（4）将光标定位在第 1 行单元格中，选择【插入记录】→【表单】→【字段集】命令，打开【字段集】对话框，输入标签"账户信息"，如图 8-1-13 所示，单击【确定】按钮。

图 8-1-13 插入字段集

（5）将光标定位在已插入的字段集标签"账户信息"后，插入一个 4 行 2 列，表格宽度为"100%"，边框粗细、单元格边距和单元格间距均为 0 的表格。设置第 1 列宽度为"200 像素"，第 1 列所有单元格水平为"右对齐"；设置第 2 列所有单元格水平为"左对齐"，如图 8-1-14 所示。

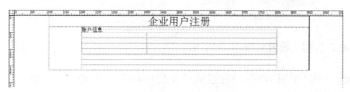

图 8-1-14 插入字段集内表格

（6）在第 1 列的 4 行中分别输入文字"用户名："、"密码："、"确认密码："和"电子邮箱："；在第 2 列的 4 行中分别选择【插入记录】→【表单】→【文本域】命令，共插入 4 个文本域。分别选中 4 个文本域，在【属性】面板中，依次修改文本域的名称为"ming"、"mima1"、"mima2"和"youxiang"，并修改"密码："和"确认密码："之后的文本域类型为"密码"，如图 8-1-15 所示。

图 8-1-15 插入文本域

（7）将光标定位在步骤 3 中表格的第 2 行单元格中，按照上述方法，插入字段集"联系人信息"和字段集内 5 行 2 列的表格。在第 1 列的 5 行中分别输入文字"姓名："、"性别："、"所在部门："、"固定电话："和"手机号码："，在第 2 列第 1 行中，插入文本域，修改文本域名称为"xingming"。

（8）将光标定位在"性别："右侧的单元格中，选择【插入记录】→【表单】→【单选按钮】命令，输入文字"男"，再次插入一个单选按钮，输入文字"女"。如图 8-1-16 所示，分别选中 2 个单选按钮，在【属性】面板中，将 2 个单选按钮的名称都改为"xingbie"，如图 8-1-17 所示。

图 8-1-16 插入单选按钮

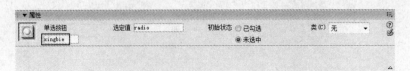

图 8-1-17　修改单选按钮名称

（9）将光标定位在"所在部门："右侧的单元格中，选择【插入记录】→【表单】→【列表/菜单】命令。选中该列表/菜单，在【属性】面板中，修改列表/菜单名称为"bumen"，类型为"列表"，如图 8-1-18 所示。单击【列表值】按钮，打开【列表值】对话框，在项目标签中输入文字"请选择"，单击 + 按钮添加新项目，输入项目标签为"办公室"。按照同样的方法，添加新项目"网络处"、"财务处"和"人事处"，如图 8-1-19 所示，单击【确定】按钮。

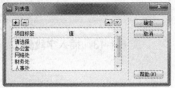

图 8-1-18　设置列表/菜单属性　　　　　　　　图 8-1-19　设置列表值

（10）在"固定电话："和"手机号码："右侧的单元格中插入文本域，分别修改文本域名称为"guhua"和"shouji"，如图 8-1-20 所示。

图 8-1-20　设置联系人信息字段集

（11）将光标定位在步骤 3 中表格的第 3 行单元格中，按照上述方法，插入字段集"企业信息"和字段集内 5 行 2 列的表格。在第 1 列的 5 行中分别输入文字"企业名称："、"企业地址："、"所属行业："、"购买类型："和"备注："，在第 2 列第 1 行和第 2 行单元格中，分别插入文本域，修改文本域名称为"qiyemingcheng"和"qiyedizhi"。

（12）将光标定位在"所属行业："右侧的单元格中，按照步骤 9 所述方法，插入名称为"hangye"的列表，项目标签分别为"请选择"、"教育"、"金融"、"法律"、"财务"和"其他"。

（13）将光标定位在"购买类型："右侧的单元格中，选择【插入记录】→【表单】→【复选框】命令，插入 1 个复选框，输入文字"教育类"，按照同样的方法，插入"体育类"、"财会类"、"管理类"、"娱乐类"、"杂志"和"其他"。将光标定位在"管理类"后面，按下 Shift+回车键，如图 8-1-21 所示。

（14）将光标定位在"备注："右侧的单元格中，选择【插入记录】→【表单】→【文本区域】命令，插入 1 个文本区域，修改文本域名称为"beizhu"，如图 8-1-22 所示。

（15）将光标定位在步骤 3 中表格的第 4 行单元格中，设置单元格水平为"居中对齐"，选择【插入记录】→【表单】→【按钮】命令，连续插入 2 个按钮，利用空格键调整 2 个按钮的位置。选中第

2 个【提交】按钮，在【属性】面板中，修改动作为"重设表单"，如图 8-1-23 所示。

图 8-1-21　插入复选框

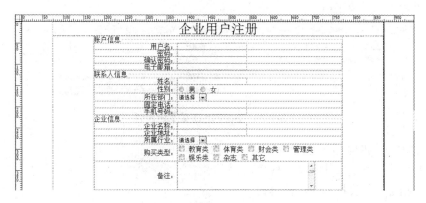

图 8-1-22　插入文本区域

至此注册页面制作完毕，保存网页，在 IE 浏览器中预览网页，如图 8-1-24 所示。

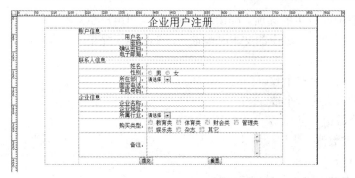

图 8-1-23　插入按钮

图 8-1-24　预览网页

活动 2　验证"注册页面"表单

 知识准备

一、验证表单

表单数据在提交到服务器端以前，一定要进行验证，这是必不可少的一步。如果不验证，那么很可能将空白表单、冗余信息、错误信息或破坏性数据直接发送到服务器，不但浪费时间，甚至导致严重的后果。

二、通过检查表单行为验证表单

Dreamweaver 内置的"检查表单"行为可以为文本域设置有效性规则，检查指定文本域的内容，用来确保用户输入的数据类型正确，防止在提交表单时出现无效数据。但该行为所提供的功能太过简单，往往不能满足用户的需求。

三、通过 Spry 框架内置表单验证功能验证表单

Dreamweaver CS3 中提供的框架 Spry 内置了表单验证的功能，它由如下 4 种构件组成：

1. Spry 验证文本域

Spry 验证文本域构件同样也是一个文本域，同时具有验证并显示网页访问者输入文本的状态是否有效，其属性如图 8-1-25 所示。

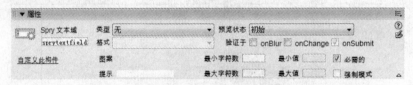

图 8-1-25　Spry 验证文本域属性

（1）Spry 文本域：设置 Spry 验证文本域的名称。

（2）类型和格式：指定验证类型和格式。

（3）图案：指定自定义格式的具体模式。

（4）提示：指定自定义格式的提示信息。

（5）预览状态：一般有 4 种状态可选，初始、必填、无效格式和有效。选择不同状态，文本域外观会发生不同的变化。

（6）验证于：选择用来指示希望验证何时发生的选项。onBlur（模糊）：当用户在文本域的外部单击时验证；onChange（更改）：当用户更改文本域中的文本时验证。onSubmit（提交）：当用户尝试提交表单时验证。

（7）最小字符数：设置文本域接受的最小字符个数。

（8）最大字符数：设置文本域接受的最大字符个数。

（9）最小值：设置文本域接受的最小数值。

（10）最大值：设置文本域接受的最大数值。

（11）必需的：设置文本域为必填项目。

（12）强制模式：禁止用户在验证文本域中输入无效字符。

2. Spry 验证选择

Spry 验证选择构件同样也是一个下拉菜单，同时具有验证并显示网页访问者进行选择时的状态是否有效，其属性如图 8-1-26 所示。

图 8-1-26　Spry 验证选择属性

（1）Spry 选择：设置 Spry 验证选择的名称。

（2）空值：选择是否允许为空值。

（3）无效值：可指定一个值，当用户选择与该值相关的菜单项时，该值将注册为无效。其他属性同上。

3．Spry 验证复选框

Spry 验证复选框构件同样也是 HTML 表单中的一个或一组复选框，同时具有验证并显示网页访问者选择（或没有选择）复选框时的状态是否有效，其属性如图 8-1-27 所示。

图 8-1-27　Spry 验证复选框

（1）Spry 复选框：设置 Spry 验证复选框的名称。

（2）必需（单个）：设置单个复选框时为必填项目。

（3）强制范围（多个复选框）：设置多个复选框时的选择范围。

（4）最小选择数：指定选择选项的最小个数。

（5）最大选择数：指定选择选项的最大个数。

4．Spry 验证文本区域

Spry 验证文本域构件同样也是一个文本区域，同时具有验证并显示网页访问者输入多行文本的状态是否有效，其属性如图 8-1-28 所示。

图 8-1-28　Spry 验证文本区域属性

（1）Spry 文本区域：设置 Spry 验证文本区域的名称。

（2）必需的：设置文本区域为必填项目。

（3）计数器：用于计算用户输入字符的个数，并显示还可以输入多少个字符，有 3 个选择，分别为"无"、"字符计数"和"其余字符"。

（4）禁止额外字符：禁止用户在验证文本区域中输入的文本超过所允许的最大字符数。

上述 Spry 验证构件可通过选择【插入记录】→【Spry】命令，或单击【插入】工具栏【Spry】选项中的相应按钮，插入到网页中。

任务实施

本活动以验证活动 1 中的"企业用户注册"页面为例，介绍有关验证表单的操作。

【操作步骤】

一、行为验证表单

（1）打开活动 1 中制作的网页"zhuce1.html"，选择【文件】→【另存为】命令，将该网页另存在"files"文件夹内，文件名为"zhuce2.html"。关闭网页"zhuce2.html"，打开网页"zhece1.html"。

（2）将光标定位在表单域内的任意位置，单击文档窗口左下角的<form>标签，选中整个表单，如图 8-1-29 所示。

（3）选择【窗口】→【行为】命令，打开【行为】面板。单击【行为】面板中的 ＋ 按钮，从弹出的菜单中选择【检查表单】选项，如图 8-1-30 所示。

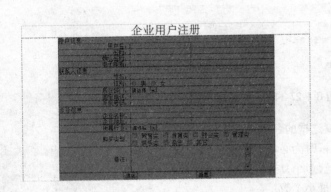

图 8-1-29　选择表单　　　　　　　　　　　　图 8-1-30　选择【检查表单】选项

（4）在打开的【检查表单】对话框中，从域列表中分别选中【ming】、【mima1】、【mima2】和【youxiang】选项，将它们的值均设置为【必需的】，同时选择【youxiang】项的可接受为【电子邮件地址】，如图 8-1-31 所示。

（5）单击域列表右侧的 ▼ 按钮，选中【shouji】选项，选择该项的可接受为【数字】，如图 8-1-32 所示，单击【确定】按钮。

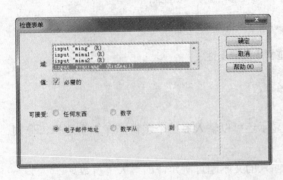

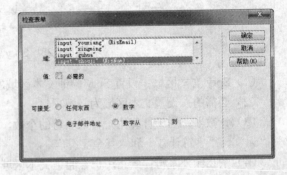

图 8-1-31　设置检查表单参数 1　　　　　　　　图 8-1-32　设置检查表单参数 2

（6）保存网页，在 IE 浏览器中预览网页。在【电子邮箱：】右侧的文本域中输入错误的电子邮件地址，如"abc"，在【手机号码：】右侧的文本域中输入非数字信息，如"haoma"，单击【提交】按钮，如图 8-1-33 所示。

二、Spry 验证表单

（1）打开上述步骤中另存的网页"zhuce2.html"，选中【用户名：】右侧单元格中的文本域，选择【插入记录】→【Spry】→【Spry 验证文本域】命令，插入 Spry 验证文本域，如图 8-1-34 和图 8-1-35 所示。

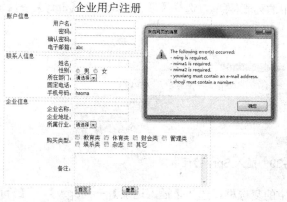

图 8-1-33　预览网页　　　　　　　　　　　　　图 8-1-34　插入 Spry 验证文本域

图 8-1-35　Spry 验证文本域

（2）单击上图中的蓝色区域，在【属性】面板中，设置预览状态为【必填】，文本域右侧出现红色文字【需要提供一个值】，修改该文字为【请输入用户名】，如图 8-1-36 所示。

图 8-1-36　修改默认提示信息

（3）按照同样的方法，为【密码：】、【确认密码：】、【电子邮箱：】和【手机号码：】右侧的文本域插入 Spry 验证文本域。同时在【属性】面板中，设置"电子邮箱："项的类型为"电子邮件地址"，此时预览状态由"初始"自动变为"无效格式"，如图 8-1-37 所示；设置"手机号码："选项的类型为"整数"，最大字符数为"11"，此时预览状态自动变为"已超过最大字符数"，如图 8-1-38 所示。

图 8-1-37　设置 Spry 验证文本域属性 1

图 8-1-38　设置 Spry 验证文本域属性 2

（4）选中【所属行业：】右侧单元格中的列表/菜单，选择【插入记录】→【Spry】→【Spry 验证选择】命令，插入 Spry 验证选择，如图 8-1-39 所示。

图 8-1-39　插入 Spry 验证选择

（5）选中【购买类型：】右侧单元格中的复选框，选择【插入记录】→【Spry】→【Spry 验证复选框】命令，插入 Spry 验证复选框，如图 8-1-40 所示。同时在【属性】面板中，选择【强制范围】选项，设置最小选择数为"2"，此时实施范围由【初始】自动变为【未达到最小选择数】，如图 8-1-41 所示。

图 8-1-40　插入 Spry 验证复选框

图 8-1-41　设置 Spry 验证复选框属性

注意：如果 Spry 验证复选框未把该组所有的复选框包含在内的话，需要全选其他复选框及文字，将其拖动到蓝色线框内。

（6）选中【备注：】右侧单元格中的文本区域，选择【插入记录】→【Spry】→【Spry 验证文本区域】命令，插入 Spry 验证文本区域。同时在【属性】面板中，取消选择【必需的】选项，选择【字符计数】选项，设置最大字符数为"200"，此时预览状态由【初始】自动变为【已超过最大字符数】，【禁止额外字符】选项自动被勾选，如图 8-1-42 所示。

图 8-1-42　设置 Spry 验证文本区域属性

（7）保存网页，弹出【复制相关文件】对话框，如图 8-1-43 所示，单击【确认】按钮。在站点根目录中自动产生 SpryAssets 文件夹及其多个 .css 和 .js 子文件，如图 8-1-44 所示。

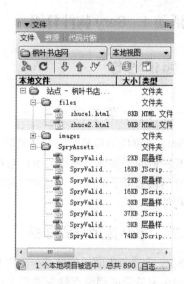

图 8-1-43 【复制相关文件】对话框   图 8-1-44 SpryAssets 文件夹及子文件

（8）在 IE 浏览器中预览网页，在【电子邮箱：】右侧的文本域中输入错误的电子邮件地址，如"abc"，在【手机号码：】右侧的文本域中输入超过 11 位的数字，如"1234567891011"，在【备注：】右侧的文本区域中输入任意信息，如"请选择信誉较好的物流"，单击【提交】按钮，如图 8-1-45 所示。

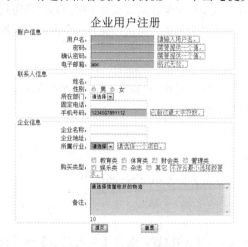

图 8-1-45 预览网页

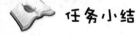 **任务小结**

本任务主要介绍了表单的概念；插入和设置表单对象属性的方法；验证表单的方法。

任务二 在网页中应用 Spry 构件

Spry 构件是一个综合性的页面元素，通过启用用户交互来提供更丰富的网页效果。每个构件都与唯一的 CSS 和 JavaScript 文件相关联。CSS 文件中包含设置构件外观所需的全部样式信息，而 JavaScript 文件则赋予构件相应的响应功能。

通过本任务的学习，读者应该了解 Spry 构件的基本信息。掌握插入和编辑各种 Spry 构件的方法。

活动 1 Spry 构件介绍

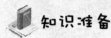 **知识准备**

一、Spry 菜单栏

Spry 菜单栏构件是一组可导航的菜单按钮，当网页访问者将鼠标悬停在其中的某个按钮上时，将显示其相应的子菜单。使用菜单栏可在紧凑的空间中显示大量的可导航信息，并使网页访问者无须深入浏览网站即可了解网站上提供的内容。Dreamweaver 中提供了两种类型的菜单栏构件：垂直构件和水平构件。

二、Spry 选项卡式面板

Spry 选项卡式面板构件是一组面板，用来将内容存储到紧凑空间中。网页访问者可通过单击不同的选项卡来显示或隐藏存储在选项卡式面板中的内容。当访问者单击选项卡时，该选项卡构件的内容面板会相应地打开。但是同一时间，选项卡式面板构件中只有一个内容面板处于打开状态。

三、Spry 折叠式

Spry 折叠式构件是一组可折叠的面板，同样可以将大量内容存储到一个紧凑的空间中。网页访问者可通过单击该面板上的选项卡来显示或隐藏存储在折叠构件中的内容。当访问者单击不同的选项卡时，折叠构件的面板会相应展开或收缩。在折叠构件中，每次只能有一个内容面板处于打开且可见的状态。

四、Spry 可折叠面板

Spry 可折叠面板构件是一个面板，可将内容存储到紧凑的空间中。用户单击构件的选项卡即可显示或隐藏存储在可折叠面板中的内容。

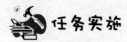 **任务实施**

本活动主要介绍有关插入和编辑各种 Spry 构件的操作。

【操作步骤】

一、Spry 菜单栏

（1）将光标定位在需要插入菜单栏的位置，选择【插入记录】→【Spry】→【Spry 菜单栏】命令，或者单击【插入】工具栏【Spry】选项中的【Spry 菜单栏】按钮 ，弹出【Spry 菜单栏】对话框，如图 8-2-1 和图 8-2-2 所示。

图 8-2-1 插入 Spry 菜单栏

（2）选择上述对话框中的【水平】或【垂直】选项，单击【确定】按钮，插入 Spry 菜单栏，如图 8-2-3 和图 8-2-4 所示。

图 8-2-2　【Spry 菜单栏】对话框

图 8-2-3　水平菜单栏

（3）单击菜单栏左上角的蓝色区域，【属性】面板显示 Spry 菜单栏的属性，如图 8-2-5 所示。加号按钮和减号按钮分别用来添加或删除菜单项；向上箭头和向下箭头可以向上或向下移动菜单项；【文本】选项用来重新定义菜单项的名称。

图 8-2-4　垂直菜单栏

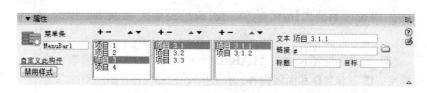

图 8-2-5　Spry 菜单栏属性

二、Spry 选项卡式面板

（1）将光标定位在需要插入选项卡式面板的位置，选择【插入记录】→【Spry】→【Spry 选项卡面板】命令，或者单击【插入】工具栏【Spry】选项中的【Spry 选项卡面板】按钮 ，插入 Spry 选项卡式面板，如图 8-2-6 所示。

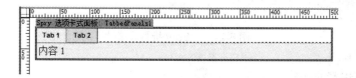

图 8-2-6　Spry 选项卡式面板

（2）选中上述图片中的"Tab1"和"内容 1"，直接输入替换的选项卡名称和面板内容，如图 8-2-7 所示。单击出现在选项卡右侧的眼睛图标，可打开该面板进行编辑，如图 8-2-8 所示。

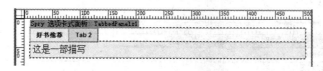

图 8-2-7　编辑选项卡式面板

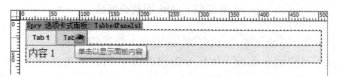

图 8-2-8　打开面板

（3）单击选项卡面板左上角的蓝色区域，【属性】面板显示 Spry 选项卡式面板的属性，如图 8-2-9 所示。加号按钮和减号按钮分别用来添加或删除面板；向上箭头和向下箭头可以向上或向下移动面板；【默认面板】用来设置当页面在浏览器中打开时，默认情况下将打开的选项卡式面板。

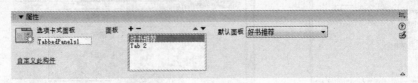

图 8-2-9　Spry 选项卡式面板属性

三、Spry 折叠式

（1）将光标定位在需要插入折叠式的位置，选择【插入记录】→【Spry】→【Spry 折叠式】命令，或者单击【插入】工具栏【Spry】选项中的【Spry 折叠式】按钮 ，插入 Spry 折叠式，如图 8-2-10 所示。

（2）选中上述图片中的"LABEL1"和"内容 1"，直接输入替换的选项卡名称和面板内容。单击出现在选项卡右侧的眼睛图标，可打开该面板进行编辑。

（3）单击折叠式左上角的蓝色区域，【属性】面板显示 Spry 折叠式的属性，如图 8-2-11 所示。加号按钮和减号按钮分别用来添加或删除面板；向上箭头和向下箭头可以向上或向下移动面板。

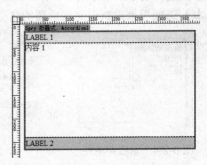

图 8-2-10　Spry 折叠式

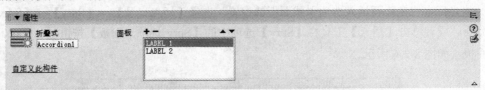

图 8-2-11　Spry 折叠式属性

四、Spry 可折叠面板

（1）将光标定位在需要插入可折叠面板的位置，选择【插入记录】→【Spry】→【Spry 可折叠面板】命令，或者单击【插入】工具栏【Spry】选项中的【Spry 可折叠面板】按钮 ，插入 Spry 可折叠面板，如图 8-2-12 所示。

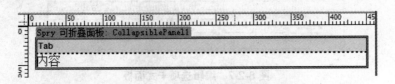

图 8-2-12　Spry 可折叠面板

（2）选中上述图片中的"Tab"和"内容"，直接输入替换的选项卡名称和面板内容。单击出现在选项卡右侧的眼睛图标，可隐藏该面板，如图 8-2-13 所示。再次单击选项卡右侧的眼睛图标，可打开该面板。

（3）单击可折叠面板左上角的蓝色区域，【属性】面板显示 Spry 可折叠面板的属性，如图 8-2-14 所示。【显示】用来设置设计视图中的可折叠面板是否打开；【默认状态】用来设置当页面在浏览器中打开时，默认情况下面板是否打开；【启用动画】用来设置当页面在浏览器中打开时是否启用动画。

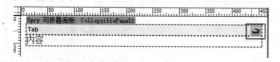

图 8-2-13　隐藏可折叠面板　　　　　图 8-2-14　Spry 可折叠面板属性

活动 2　应用 Spry 构件

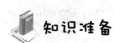

一、更改默认 Spry 菜单栏构件样式

如果插入的 Spry 菜单栏构件的默认样式与网页整体风格不一致的话，可以通过编辑相关的 CSS 文件来更改样式。

1. 所属 CSS 文件

有关垂直菜单栏样式的 CSS 规则，保存在站点目录中自动生成的 SpryAssets 文件夹的 SpryMenuBarVertical.css 文件中；而水平菜单栏的 CSS 规则，保存在同一文件夹的 SpryMenuBarHorizontal.css 文件中。

2. 更改菜单栏构件的背景颜色

要更改菜单栏构件不同部分的颜色，请从表 8-2-1 中查找相应的 CSS 规则，然后更改默认值。

表 8-2-1

要更改的颜色	垂直或水平菜单栏的 CSS 规则	相关属性和默认值
默认背景	ul.MenuBarVertical a、ul.MenuBarHorizontal a	background-color: #EEE;
当鼠标指针移过背景上方时，背景的颜色	ul.MenuBarVertical a:hover、ul.MenuBarHorizontal a:hover	background-color: #33C;
具有焦点的背景的颜色	ul.MenuBarVertical a:focus、ul.MenuBarHorizontal a:focus	background-color: #33C;
当鼠标指针移过菜单栏项上方时，菜单栏项的颜色	ul.MenuBarVertical a.MenuBarItemHover、ul.MenuBarHorizontal a.MenuBarItemHover	background-color: #33C;
当鼠标指针移过子菜单项上方时，子菜单项的颜色	ul.MenuBarVertical a.MenuBarItemSubmenuHover、ul.MenuBarHorizontal a.MenuBarItemSubmenuHover	background-color: #33C;

二、更改默认 Spry 选项卡式面板构件样式

1. 所属文件

有关选项卡式面板样式的 CSS 规则，保存在站点目录中自动生成的 SpryAssets 文件夹的 SpryTabbedPanels.css 文件中。

2. 更改选项卡式面板的背景颜色

要更改选项卡面板构件不同部分的背景颜色，请从表 8-2-2 中查找相应的 CSS 规则，然后更改默认值。

表 8-2-2

要更改的颜色	相关 CSS 规则	相关属性和默认值
面板选项卡的背景颜色	.TabbedPanelsTabGroup 或.TabbedPanelsTab	background-color: #DDD;
内容面板的背景颜色	.Tabbed PanelsContentGroup 或.TabbedPanelsContent	background-color: #EEE;
选定选项卡的背景颜色	.TabbedPanelsTabSelected	background-color: #EEE;
当鼠标指针移过面板选项卡上方时，选项卡的背景颜色	.TabbedPanelsTabHover	background-color: #CCC;

三、更改默认 Spry 折叠式构件样式

1. 所属文件

有关折叠式样式的CSS 规则,保存在站点目录中自动生成的SpryAssets 文件夹的SpryAccordion.css 文件中。

2. 更改折叠式构件的背景颜色

要更改折叠构件不同部分的背景颜色,请从表8-2-3 中来查找相应的 CSS 规则,然后更改默认值。

表 8-2-3

要更改的颜色	相关 CSS 规则	相关属性和默认值
折叠式面板选项卡的背景颜色	.AccordionPanelTab	background-color: #CCCCCC;
折叠式内容面板的背景颜色	.AccordionPanelContent	background-color: #CCCCCC;
已打开的折叠式面板的背景颜色	.AccordionPanelOpen .AccordionPanelTab	background-color: #EEEEEE;
鼠标悬停在其上的面板选项卡的背景颜色	.AccordionPanelTabHover	color: #555555;
鼠标悬停在其上的已打开面板选项卡的背景颜色	.AccordionPanelOpen .AccordionPanelTabHover	color: #555555;

四、更改默认 Spry 可折叠面板构件样式

1. 所属文件

有关可折叠面板样式的 CSS 规则，保存在站点目录中自动生成的 SpryAssets 文件夹的SpryCollapsiblePanel.css 文件中。

2. 更改可折叠面板构件的背景颜色

要更改可折叠面板构件不同部分的背景颜色,请从表8-2-4 中查找相应的 CSS 规则,然后更改默认值。

表 8-2-4

要更改的颜色	相关 CSS 规则	相关属性和默认值
面板选项卡的背景颜色	.CollapsiblePanelTab	background-color: #DDD;
内容面板的背景颜色	.CollapsiblePanelContent	background-color: #DDD;
在面板处于打开状态时,选项卡的背景颜色	.CollapsiblePanelOpen .CollapsiblePanelTab	background-color: #EEE;
当鼠标指针移过已打开面板选项卡上方时,选项卡的背景颜色	.CollapsiblePanelTabHover、 .CollapsiblePanelOpen .CollapsiblePanelTabHover	background-color: #CCC;

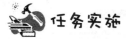任务实施

本活动以"枫叶书店网"的"首页"为例,介绍有关应用 Spry 构件的操作。

【操作步骤】

一、新建首页文件

(1)打开任务一中创建的站点"枫叶书店网",新建"index.html"文件,保存在站点根目录下。

(2)单击【属性】面板中的【页面属性】按钮,在【页面属性】对话框中设置字体为"宋体",大小为"12 点","上、下边距"均为 0 像素,选择"标题/编码"选项卡,设置标题为"枫叶书店网",单击【确定】按钮,如图 8-2-15 和图 8-2-16 所示。

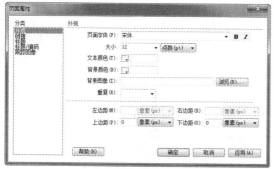

图 8-2-15 设置外观

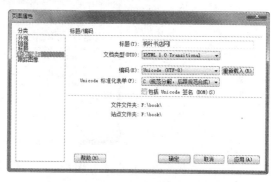

图 8-2-16 设置网页标题

二、创建标题部分

1.将光标置于页面中,插入一个 2 行 2 列,表格宽度为"800 像素"的表格,居中对齐。将第 1 行的 2 个单元格合并,插入图像"1.jpg",如图 8-2-17 所示。

图 8-2-17 插入标题表格

注意:本活动中插入的表格未特别声明的话,边框粗细、单元格边距和单元格间距均为 0 像素。

(2)将光标定位在第 2 行第 1 列单元格中,选择【插入记录】→【Spry】→【Spry 菜单栏】命令,在弹出的【Spry 菜单栏】对话框中选择"水平",单击【确定】按钮。

(3)选中插入的 Spry 菜单栏,在【属性】面板中,设置一级菜单项为【首页】、【新书快递】、【畅销书榜】、【独家好书】和【特惠图书】;设置【新书快递】的子菜单项为"一周内"、"一个月内"和"一个季度内";设置【畅销书榜】的子菜单项为"新书排行"、"经典书榜"和"总排行",将【新书排行】的子菜单项删除;设置【特惠图书】的子菜单项为"买赠活动"、"特价图书"和"打折图书",如图 8-2-18 所示。

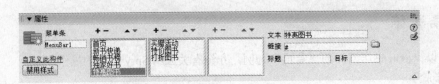

图 8-2-18　设置 Spry 菜单栏属性

（4）保存网页，弹出【复制相关文件】对话框，如图 8-2-19 所示，单击【确定】按钮。该图中列举的文件被复制到任务一中自动产生的 SpryAssets 文件夹内。

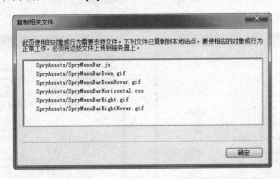

图 8-2-19　【复制相关文件】对话框

5．双击打开 SpryMenuBarHorizontal.css 文件，将 "ul.MenuBarHorizontal a"、"ul.MenuBar- Horizontal a:hover，ul.MenuBarHorizontal a:focus" 和 "ul.MenuBarHorizontal a.MenuBarItemHover，ul.MenuBarHorizontal a.MenuBarItemSubmenuHover，ul.MenuBarHorizontal a.MenuBarSubmenu- Visible" 中的 "background-color" 右侧的默认值依次改为 "#FFE4B5"、"#996633" 和 "#CD853F"，如图 8-2-20 所示。

```
89  ul.MenuBarHorizontal a
90  {
91      display: block;
92      cursor: pointer;
93      background-color: #FFE4B5;
94      padding: 0.5em 0.75em;
95      color: #333;
96      text-decoration: none;
97  }
98  /* Menu items that have mouse over or focus have a blue background and white text */
99  ul.MenuBarHorizontal a:hover, ul.MenuBarHorizontal a:focus
100 {
101     background-color: #996633;
102     color: #FFF;
103 }
104 /* Menu items that are open with submenus are set to MenuBarItemHover with a blue background and white text */
105 ul.MenuBarHorizontal a.MenuBarItemHover, ul.MenuBarHorizontal a.MenuBarItemSubmenuHover, ul.MenuBarHorizontal
    a.MenuBarSubmenuVisible
106 {
107     background-color: #CD853F;
108     color: #FFF;
109 }
```

图 8-2-20　更改背景颜色

（6）保存该 CSS 文件，Spry 菜单栏的默认背景颜色、具有焦点的背景颜色、鼠标移过菜单项时的菜单项颜色和鼠标移过子菜单项的颜色被成功更改，在 IE 浏览器中预览网页，如图 8-2-21 所示。

（7）将标题表格第 2 行中的 2 个单元格的背景颜色都设置为 "#FFE4B5"，在第 2 列单元格中插入 1 行 2 列，表格宽度为 "100%" 的表格。在 2 列单元格中分别输入文字 "注册一" 和 "注册二"，并分别链接至网页 "zhece1.html" 和 "zhuce2.html"，如图 8-2-22 所示。

图 8-2-21　预览网页

图 8-2-22　制作文字链接

三、创建主体左侧部分

（1）在标题下方，插入 1 行 2 列，表格宽度为 "800 像素" 的表格，居中对齐，设置第 1 列宽度为 "250 像素"，垂直为 "顶端"。

（2）在第 1 列单元格中，插入 3 行 3 列，表格宽度为 "250 像素" 的嵌套表格。在嵌套表格的第 1 行第 1 列和第 3 列单元格中分别插入图像 "1.gif" 和 "3.gif"，设置第 1 行第 2 列单元格的背景图像为 "2.gif"，在此单元格中输入文本 "枫叶经典"；合并第 2 行和第 3 行中的 3 列表格，设置第 2 行和第 3 行单元格的背景颜色为 "#996633"，居中对齐，在第 2 行中插入 1 行 1 列，表格宽度为 "248 像素" 的嵌套表格，设置该表格的背景颜色为 "#FFFFFF"；设置第 3 行的高度为 "1 像素"，如图 8-2-23 所示。

图 8-2-23　插入主体左侧表格

（3）将光标定位在上述表格的第 2 行中，选择【插入记录】→【Spry】→【Spry 折叠式】命令，插入 Spry 折叠式构件，如图 8-2-24 所示。

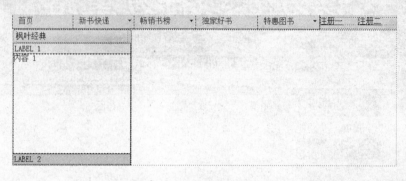

图 8-2-24　插入 Spry 折叠式

（4）选中"LABLE1"直接输入文字"1．中国足球内幕"，单元格属性水平为"左对齐"；删除"内容 1"，在内容区域插入 1 行 2 列，表格宽度为"98%"的表格。在第 1 列中插入图像"3.jpg"，在第 2 列中插入 9 行 1 列，表格宽度为"98%"的表格，输入"wenben.txt"文件中的相应的文字信息，单元格的水平均为"左对齐"，如图 8-2-25 所示。

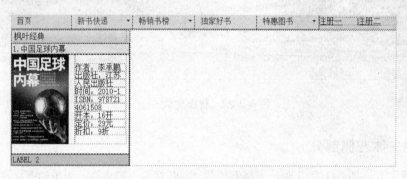

图 8-2-25　编辑 Spry 折叠式内容 1

（5）通过【属性】面板中的加号按钮，添加 2 个面板。单击相应面板标题右侧的眼睛图标，打开该面板，按照同样的方法，编辑其他 3 项面板内容，如图 8-2-26～图 8-2-28 所示。

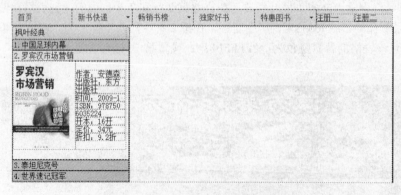

图 8-2-26　编辑 Spry 折叠式内容 2

（6）保存网页，弹出【复制相关文件】对话框，如图 8-2-29 所示，单击【确定】按钮。该图中列举的文件被复制到任务一中自动产生的 SpryAssets 文件夹内。

（7）双击打开 SpryAccordion.css 文件，将".AccordionPanelTab"、".AccordionPanel Open .AccordionPanelTab"、".AccordionFocused .AccordionPanelTab"和".Accordion Focused .AccordionPanelOpen .AccordionPanelTab"中的"background-color"右侧的默认值依次改为"#CD853F"、"#D2691E"、"#A0522D"和"#D2B48C"。

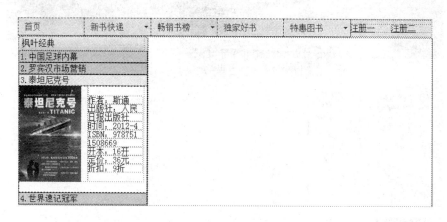

图 8-2-27 编辑 Spry 折叠式内容 3

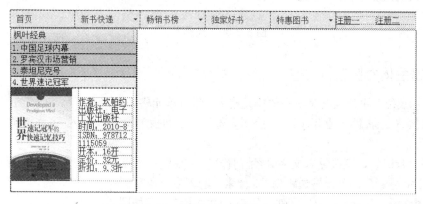

图 8-2-28 编辑 Spry 折叠式内容 4

（8）保存该 CSS 文件，Spry 折叠式的选项卡背景颜色、已打开的选项卡背景颜色、具有焦点的选项卡背景颜色的和具有焦点且已打开过的选项卡背景颜色被成功更改，在 IE 浏览器中预览网页，如图 8-2-30 所示。

图 8-2-29 【复制相关文件】对话框

图 8-2-30　预览网页

四、创建主体右侧部分

（1）将光标定位在主体表格第 2 列的单元格中，设置单元格属性，水平为"左对齐"，垂直为"顶端"，选择【插入记录】→【Spry】→【Spry 选项卡式面板】命令，插入 Spry 选项卡式面板，如图 8-2-31 所示。

（2）选中"Tab1"，直接输入文字"经济管理"，删除"内容 1"，在内容区域插入 1 行 2 列，表格宽度为"540 像素"，单元格边距为"5 像素"的表格。在第 1 列单元格中插入图像"7.jpg"，在第 2 列单元格中输入"wenben.txt"文件中的相应的文字信息，如图 8-2-32 所示。

图 8-2-31　插入 Spry 选项卡式面板

图 8-2-32　编辑 Spry 选项卡式面板内容 1

（3）通过【属性】面板中的加号按钮，添加 2 个面板。单击相应选项卡右侧的眼睛图标，打开该面板，按照同样的方法，编辑其他 3 项面板内容，如图 8-2-33～图 8-2-35 所示。

图 8-2-33　编辑 Spry 选项卡式面板内容 2

（4）保存网页，弹出【复制相关文件】对话框，如图 8-2-36 所示，单击【确定】按钮。该图中列举的文件被复制到任务一中自动产生的 SpryAssets 文件夹内。

（5）在 IE 浏览器中预览网页，如图 8-2-37 所示。

图 8-2-34　编辑 Spry 选项卡式面板内容 3

图 8-2-35　编辑 Spry 选项卡式面板内容 4

图 8-2-36　【复制相关文件】对话框

图 8-2-37　预览网页

五、创建脚注

将光标定位在主体表格右侧空白区域，插入 2 行 1 列，表格宽度为 "800 像素" 的表格，设置表格背景图像为 "4.gif"。选中第 1 行和第 2 行单元格，设置单元格高度为 "25"，水平为 "居中对齐"，输入如图 8-2-38 所示的文字。

图 8-2-38　脚注效果

至此任务二结束，"枫叶书店网" 的首页制作完成，保存网页，在 IE 浏览器中预览网页，如图 8-2-39 所示。

图 8-2-39　预览网页

　任务小结

本任务主要介绍 Spry 构件的基本信息；插入和编辑各种 Spry 构件的方法。

　项目综合实训

根据所给素材和网页最终效果图，完成"学雷锋宣传网"首页的制作，如图 8-3-1 所示（素材和效果在 item8\exercise 文件夹中）。

图 8-3-1　"学雷锋宣传网"首页

　项目小结

本项目以"枫叶书店网"网站为例，向读者介绍了在网页中应用表单和各种 Spry 构件的相关知识，通过本项目的学习，读者应该理解表单的基本概念，掌握插入和设置表单对象属性的方法，掌握验证表单的方法，进而能够熟练制作并验证含有不同表单对象的网页。还应了解 Spry 构件的基本信息，掌握插入 Spry 构件的方法，掌握编辑 Spry 构件的方法，能够熟练运用 Spry 构件制作网页。

 思考与练习

一、填空题

1．文本域等表单对象都必须插入到_____中，这样浏览器才能正确处理其中的数据。

2．在 Dreamweaver CS3 中可以使用_____行为对表单进行简单的验证。

3．同一组中的单选按钮必须具有_____名称，但它们的_____是不同的。

4．Dreamweaver CS3 中的 Spry 框架提供了 4 个验证表单构件：_____、Spry 验证文本区域、Spry 验证复选框和_____。

5．Spry 菜单栏分为_____和_____两种。

6．按钮的【属性】面板中提供了按钮的 3 种动作，_____、重设表单和无。

二、多项选择题

1．下面关于表单域的描述正确的是（　　　）。

    A．表单域的大小可以手工设置

    B．表单域会自动调整大小以容纳表单域中的对象

    C．表单域的大小是固定的

    D．表单域的红色边框线在预览时不会显示

2．更改 Spry 菜单栏默认背景颜色时，需要用到（　　　）CSS 规则。

    A．.CollapsiblePanelTab

    B．.TabbedPanelsTabHover

    C．ul.MenuBarHorizontal a

    D．ul.MenuBarVertical a

3．使用（　　　）可以在页面中插入一个圆角矩形框，将一些相关的表单对象放在一起。

    A．文本域   B．表单   C．字段集   D．文本区域

4．下面不能用于输入文本的表单对象是（　　　）。

    A．文本域   B．文本区域   C．密码域   D．文件域

5．在 Dreamweaver CS3 中，关于 Spry 验证复选框的说法错误的是（　　　）。

    A．在【属性】面板中可以设置复选框所能接受的最多字符数

    B．在【属性】面板中可以设置复选框为必填项目

    C．在【属性】面板中可以设置复选框选项的最小选择数

    D．在【属性】面板中可以设置复选框选项的最大选择数

三、简答题

1．列举常见的表单对象。

2．根据自己的理解，简要说明 Spry 折叠式构件和 Spry 可折叠面板构件有哪些不同？

项目九　AP 元素（层）、行为、用 Div+CSS 布局网页

项目概述

　　AP 元素是一种网页元素的定位技术，使用 AP 元素可以以像素为单位精确定位页面元素，即 AP 元素可以放置在页面的任意位置。在旧版本的 Dreamweaver 中，AP 元素被称为"层"（Layer）。最常用的 AP 元素是绝对定位的 div 标签，这也是 Dreamweaver 在默认情况下插入的 AP 元素类型，也是本项目中重点操作的 AP 元素类型。但是，其他任何标签，只要为其分配一个绝对位置（方法是在标签中加入如 *style="position:absolute; left: 99px; top: 99px"* 代码），均可作为 AP 元素。所有 AP 元素都在"AP 元素"面板中显示。

　　行为是 Dreamweaver CS3 中一个非常强大的工具，它可以使用户无须手动编写任何 JavaScript 代码，即可实现多种动态效果。行为的关键在于 Dreamweaver CS3 提供了很多动作，这些动作，其实就是在 Dreamweaver 中预置的 JavaScript 程序，每个动作可以完成特定的任务。行为由事件（Event）和对应动作（Actions）组成。可实现用户与网页间的交互，通过某个动作来触发某项事件。

　　Div+CSS 是一种有别于传统网页布局的方法，可实现网页页面内容与表现相分离。具有结构清晰；页面加载速度快；易被搜索引擎搜索到；整站网页显示效果统一、便于整站管理和维护等优势。

项目分析

　　本项目包括 3 个任务：认识 AP 元素、认识行为、使用 Div+CSS 布局网页。通过本项目的学习，可以了解 AP 元素的定位作用，从而利用 AP 元素方便地进行网页布局；可以通过对 Dreamweaver 内置行为的学习，制作出较强交互性能的网页，高效地实现网页的互动效果，由于需要有一定的代码基础，因此，是本项目的难点；用 Div+CSS 布局网页是现在比较流行的做法，我们应该重点掌握。

项目目标

- 掌握 AP 元素的基本操作。
- 学会使用行为面板添加行为。
- 熟悉动作和事件的类型。
- 掌握网页常用动作的添加和应用。
- 学会使用 Div+CSS 布局网页。

任务一　认识 AP 元素

　　通过本任务的学习，读者应该了解 AP 元素的概念，掌握 AP 元素的基本操作。

活动 AP 元素的创建和基本操作

 知识准备

一、AP 元素综述

（1）AP 元素，即绝对定位元素（Absolutely Positioned elements），是指在网页中具有绝对位置的页面元素，它可以是 Div，也可以是文本、图像或其他任何网页元素。

（2）在 Dreamweaver 中，使用 AP 元素可以设计网页布局。同时可以利用 AP 元素的特点，通过添加行为等操作实现一些特殊的网页效果（参看本项目任务二）。

（3）AP 元素最大的魅力在于多个 AP 元素可以重叠，并且可以设定各 AP 元素的属性和关系。

（4）AP 元素最大的缺点是当以像素为单位在页面中定位后，会使得同一页面在不同屏幕分辨率中显示时，AP 元素与其他页面元素的相对位置会不一致。

二、在页面中创建 AP 元素

有以下 3 种方法：

（1）单击【插入】（布局）栏内的【绘制 AP Div】按钮 ，将光标移到文档窗口内，此时鼠标指针变为细黑线十字架，拖放鼠标即在页面中插入一个 AP 元素。

（2）用鼠标拖放【绘制 AP Div】按钮 到页面中，可在页面光标处插入一个默认属性的 AP 元素。

（3）将光标移至要插入 AP 元素的位置，选择【插入记录】→【布局对象】→【AP Div】命令，可在页面光标处插入一个默认属性的 AP 元素。

三、与 AP 元素有关的设置

1. 新建 AP 元素默认属性的设置

【首选参数】对话框中【AP 元素】类别可指定新建 AP 元素的默认设置，如图 9-1-1 所示。

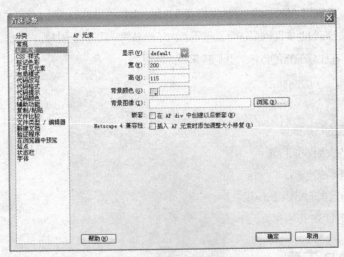

图 9-1-1 【首选参数】对话框的【AP 元素】类别

（1）【显示】（Visibility）下拉列表框：确认 AP 元素在默认情况下是否可见。其各选项含义分别如下：

①"默认"（default）：不指定可见性属性。当未指定可见性时，大多数浏览器都会默认为"继承"。

②"继承"（inherit）：使用 AP 元素的父级的可见性属性。

③"可见"（visible）：显示 AP 元素的内容，而与父级的值无关。

④"隐藏"（hidden）：隐藏 AP 元素的内容，而与父级的值无关。

（2）【宽】和【高】文本框：指定选择【插入】→【布局对象】→【AP Div】命令创建的 AP 元素的默认宽度和高度（以像素为单位）。

（3）【背景颜色】按钮和文本框：通过单击按钮打开颜色选择器选择一个颜色或者直接输入如"#FFFFFF"六位十六进制值指定一种默认背景颜色。

（4）【背景图像】文本框和【浏览】按钮：通过单击【浏览】按钮打开【选择文件】对话框，选择一个背景图像文件。

（5）【嵌套】复选框：指定从现有 AP Div 边界内的某点开始绘制的 AP Div 是否应该是嵌套的 AP Div。当绘制 AP Div 时，按下 Alt 键可临时更改此设置。

（6）【Netscape 4 兼容性】复选框:此框默认不选即可（因为 Netscape 4 浏览器已基本淘汰）。

2．AP 元素属性的查看与设置

1）单个 AP 元素属性的查看与设置

当选定单个 AP 元素时，属性检查器显示如图 9-1-2 所示。

图 9-1-2 选择单个 AP 元素时的属性检查器

（1）【CSS-P 元素】组合框:为选定的 AP 元素指定一个 ID。此 ID 用于在【AP 元素】面板和 JavaScript 代码中标识 AP 元素。每个 AP 元素都必须有各自的唯一 ID。且只能使用标准的字母数字字符，而不要使用空格、连字符、斜杠或句号等特殊字符。

（2）【左】和【上】文本框：指定 AP 元素的左上角相对于页面（如果嵌套，则为父 AP 元素）左上角的位置。

（3）【宽】和【高】文本框：指定 AP 元素的宽度和高度。

注意：位置和大小的默认单位为像素（px）。也可以指定以下单位：pc（派卡）、pt（点）、in（英寸）、mm（毫米）、cm（厘米）或%（父 AP 元素对应值的百分比）。缩写单位必须紧跟在值之后，中间不留空格。例如，"3mm"表示"3 毫米"。

（4）【Z 轴】文本框：确定 AP 元素的 Z 轴或堆叠顺序。在浏览器中，编号较大的 AP 元素出现在编号较小的 AP 元素的前面。值可以为正，也可以为负。当更改 AP 元素的堆叠顺序时，在【AP 元素】面板用鼠标拖动 AP 元素名称进行操作要比输入特定的 z 轴值更为简便。

（5）【可见性】下拉列表框：指定 AP 元素最初的可见性。

使用脚本语言（如 JavaScript）可控制可见性属性并动态地显示 AP 元素的内容。

（6）【背景图像】文本框和【文件夹】按钮：指定 AP 元素的背景图像。单击文件夹按钮可浏览到一个图像文件并选择它。

（7）【背景颜色】按钮和文本框：指定 AP 元素的背景颜色。将此选项留为空白意味着指定透明的背景。

（8）【类】下拉列表框：指定用于设置 AP 元素样式的 CSS 类。

（9）【溢出】下拉列表框：控制当 AP 元素的内容超过 AP 元素的指定大小时如何在浏览器中显示 AP 元素。

①【可见】：指定在 AP 元素中显示额外的内容，此时 AP 元素会通过延伸来容纳额外的内容。

②【隐藏】：指定不在浏览器中显示额外的内容。

③【滚动】：指定浏览器无论 AP 元素的内容是否溢出边界，都在 AP 元素上添加滚动条。

④【自动】：使浏览器仅在 AP 元素的内容超过其边界时才显示 AP 元素的滚动条。

注意：【溢出】选项在不同的浏览器中会获得不同程度的支持。

（10）【剪辑】各文本框：定义 AP 元素的可见区域。指定左、上、右和下坐标以在 AP 元素的坐标空间中定义一个矩形（从 AP 元素的左上角开始计算）。AP 元素将经过"裁剪"以使得只有指定的矩形区域才是可见的。例如，若要使 AP 元素左上角的一个 50 像素宽、75 像素高的矩形区域可见而其他区域不可见，则将"左"设置为 0，将"上"设置为 0，将"右"设置为 50，将"下"设置为 75。

当在文本框中输入或更改了值，则可以按 Tab 或回车键应用该值。

2）多个 AP 元素属性的查看与设置

当选定两个或更多个 AP 元素（选择 AP 元素时按住 Shift 键）时，属性检查器显示如图 9-1-3 所示，其显示文本属性以及全部 AP 元素属性的一个子集（另多出一个【标签】下拉列表），从而允许同时修改多个 AP 元素的属性。

图 9-1-3　选择多个 AP 元素时的属性检查器

【标签】下拉列表：指定用于定义 AP 元素的 HTML 标签是<span>（行内元素）还是<div>（块元素）。

3．【AP 元素】面板

利用【AP 元素】面板（图 9-1-4）可以对层的可见性、嵌套关系、显示顺序、相互覆盖性等属性进行设置。

（1）【防止重叠】复选框：设定是否允许 AP 元素重叠——勾选，不允许 AP 元素重叠；不勾选，允许 AP 元素重叠。

（2）显示 AP 元素的信息：面板中显示了当前网页中所包含的所有 AP 元素，每个元素占一行，每行有 3 栏，分别为是否可见、元素名称、Z 索引值。Z 索引值给出了各层的显示顺序，Z 值越大，显示越靠上，Z 值可以是负数，即隐藏起来，网页页面的 Z 索引值为 0。

（3）选定 AP 元素：单击【AP 元素】面板中 AP 元素的名称，即可选中相应的 AP 元素；按住 Shift 键同时依次单击【AP 元素】面板中各个 AP 元素的名称，即可选中多个 AP 元素。

（4）更改 AP 元素的名称：双击【名称】栏内 AP 元素的名称，该名称处出现名称已全部选定的黑边白底文本输入框，如图 9-1-5 所示，此时即可输入 AP 元素的新名称。

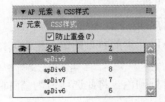

图 9-1-4　AP 元素面板

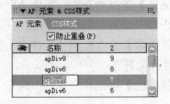

图 9-1-5　更改 AP 元素名称

（5）改变 AP 元素的堆叠顺序：单击要更改堆叠顺序的 AP 元素的 Z 值，该 AP 元素的 Z 值处出现
Z 值已全部选定的黑边白底文本输入框，如图 9-1-6 所示，此时即可输入新的 Z 值。也可直接拖动 AP
元素的名称，动态地更改 AP 元素的堆叠顺序。

（6）设置 AP 元素的可见性：单击【AP 元素】面板上方的 👁 按钮，该列的每一行均出现👁标
记，如图 9-1-7 所示。"AP 元素"面板 👁 列显示👁标记，表示该行的 AP 元素可见。默认状态下（即
👁列不显示任何标记时）所有 AP 元素都是可见的。

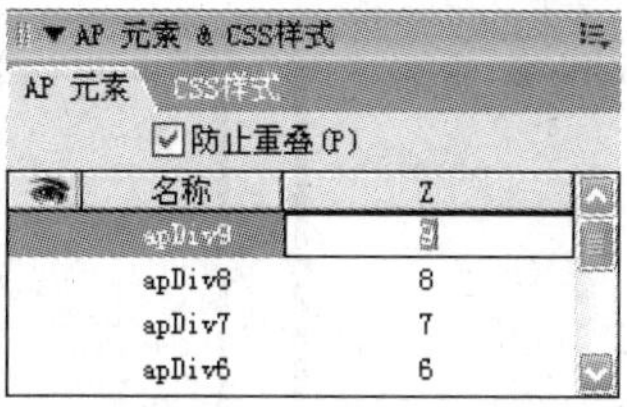

图 9-1-6　更改 AP 元素 Z 值 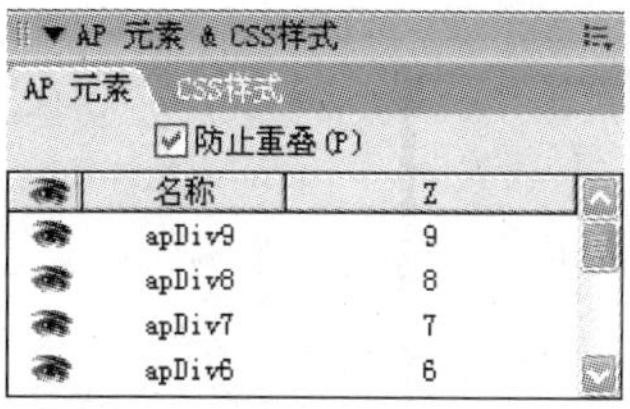　　　　　　　　图 9-1-7　所有 AP 元素可见

再次单击"AP 元素"面板上方的 👁 按钮，该列的每一行改变为👁标记，如图 9-1-8 所示，表
示所有 AP 元素不可见。如果再单击 👁 按钮，所有的行又都变回👁标记，表示所有的 AP 元素又都
可见。

如果在某行的可见性标记处单击，则该行此处在可见👁、不可见👁和默认（空白）3 种状态之间
切换。

（7）改变 AP 元素间的嵌套关系：在 AP 元素内插入 AP 元素称为 AP 元素的嵌套。在 AP 元素的
嵌套中，子元素的属性由父元素的属性决定。在选定父元素后，子元素也会被选定；在移动或复制父
元素时，子元素也会随之被移动或复制。

按住 Ctrl 键拖动 AP 元素的名称到另一个 AP 元素（可称为目标元素）名称上，当该名称周围出
现矩形框时松开鼠标，即可使选中的 AP 元素成为目标元素的子元素。如图 9-1-9 所示，apDiv8 是 apDiv9
的子元素，apDiv7 是 apDiv8 的子元素。父元素名称左边有一个⊟图标，表示其子元素名称展开显示。
单击该图标，变为⊞图标，其子元素名称收缩隐藏；单击⊞图标，变回⊟图标，其子元素名称展开显示。
直接拖动某一级子元素名称，可使该元素及其子元素脱离其上级元素而与最顶层元素同级（其所包含
子元素仍为其子元素）。

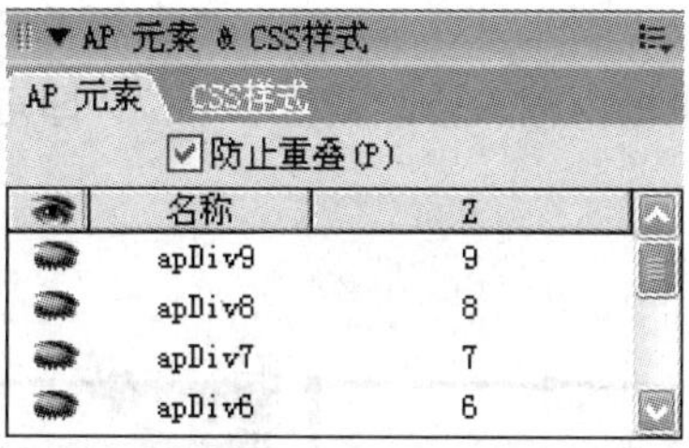

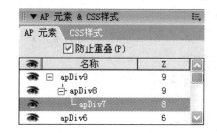

图 9-1-8　所有 AP 元素不可见　　　　　　　　图 9-1-9　AP 元素嵌套

四、AP 元素的基本操作及在 AP 元素中插入对象

1．AP 元素的基本操作

（1）选定 AP 元素：在改变 AP 元素的属性前应先选定 AP 元素，选中的 AP 元素会在 AP 元素矩
形的左上角出现一个双矩形控制柄图标⊡，同时在 AP 元素矩形的四周出现 8 个实心的方形控制柄。
选中一个 AP 元素的效果如图 9-1-10 所示，其右侧为未选定的 AP 元素。

选定 AP 元素的方法有多种，操作方法如下：

① 单击 AP 元素的边框线，即可选定该 AP 元素。

② 单击 AP 元素内部，AP 元素左上角出现双矩形控制柄图标▣，单击该控制柄图标▣，即可选定与它相应的 AP 元素。

③ 按住 Shift 键，分别单击要选择的各个 AP 元素的内部或边框线，可以选中多个 AP 元素。

如果选中的是多个 AP 元素，则只有一个 AP 元素的方形控制柄是实心的，其他的都是空心的，如图 9-1-11 所示，左侧为最后选定的 AP 元素。

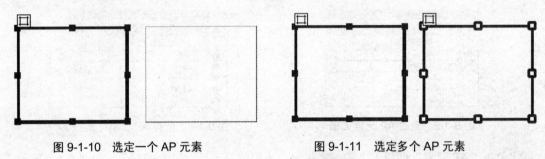

图 9-1-10 选定一个 AP 元素   图 9-1-11   选定多个 AP 元素

（2）调整一个 AP 元素的大小：选中要调整大小的 AP 元素，然后通过如下 3 种方法改变这个 AP 元素的大小。

① 鼠标拖动调整：将鼠标指针移至 AP 元素的方形控制柄处，当鼠标指针变为双箭头状时，拖动鼠标，即可调整 AP 元素的大小。

② 键盘方向键调整：按住 Ctrl 键的同时按方向键，可以调整 AP 元素的大小——每按一次←（或→）键可使 AP 元素右侧边框向左（或向右）移动一个像素；每按一次↑（或↓）键可使 AP 元素下方边框向上（或向下）移动 1 个像素。按住 Ctrl+Shift 组合键的同时按方向键，可每次增加或减少 5 个像素。

③ 属性检查器调整：在属性检查器的【宽】和【高】文本框内输入新的数值和单位，即可调整 AP 元素的宽度和高度。

（3）调整多个 AP 元素的大小：选中要调整大小的多个 AP 元素，然后通过如下两种方法改变这些 AP 元素的大小。

① 菜单命令调整：选择【修改】→【排列顺序】→【设成宽度（高度）相同】命令（图 9-1-12），即可将所有选中的 AP 元素的宽度（高度）都设成与最后选中的 AP 元素（其方形控制柄为蓝色实心）宽度（高度）相同。

② 属性面板调整：在属性面板的【宽】和【高】文本框内输入修改数值和单位，即可调整多个被选中的 AP 元素的宽度和高度。

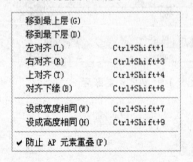

图 9-1-12 【排列顺序】子菜单   图 9-1-13   插入对象后的 AP 元素

（4）调整多个 AP 元素的排列顺序：选中多个 AP 元素，然后通过以下方法调整。

① 菜单命令调整：选择【修改】→【排列顺序】命令，弹出它的下级菜单，如图 9-1-12，单击

其中的一个命令，即可获得相应的排列效果。

例如，选中多个 AP 元素，选择【修改】→【排列顺序】→【对齐下缘】命令，即可将各个 AP 元素以最后选中的 AP 元素的下边线为基准对齐。

② 键盘方向键调整：按住 Ctrl 键的同时按光标移动键，即可将选中的多个 AP 元素对齐——按→键可右对齐；按←键可左对齐；按↑键可上对齐；按↓键可对齐下缘。

③ 属性面板调整：在属性面板的【左】或【上】文本框内输入修改数值和单位，即可使所选中的多个 AP 元素左边线或上边线以修改的数值对齐。

（5）调整 AP 元素的位置：选中要调整位置的一个或多个 AP 元素，然后通过以下方法调整。

① 鼠标拖动调整：将鼠标移至 AP 元素的方形轮廓线或双矩形控制柄 □ 处，当鼠标指针变为 ✥ 状时，拖动鼠标即可调整选中 AP 元素的位置。

② 键盘方向键调整：每按一次↑、↓、←或→键，可使选中的 AP 元素向上、下、左或右移动 1 个像素；如果按住 Shift 键的同时按方向键，则每按一次移动 5 个像素。

③ 属性面板调整：在属性面板的【左】文本框中输入数值和单位，可调整选中 AP 元素的水平位置；在【上】文本框中输入数值和单位，可调整选中 AP 元素的竖直位置。

2. 在 AP 元素中插入对象

AP 元素中可以插入能够在页面中插入的任意类型的对象，方法如下：

（1）单击要插入对象的 AP 元素的内部，使该元素内出现光标。

（2）用在普通页面内插入对象的方法，在选中的 AP 元素内插入对象。

分别插入文字和图像后的 AP 元素如图 9-1-13 所示。

五、AP 元素与表格的相互转换

Dreamweaver CS3 提供了将 AP 元素转换为表格的功能，主要用于将以 AP 元素创建布局的网页处理为可在早期浏览器中浏览，在转换为表格前应确保 AP 元素没有重叠。我们这里只简单对其了解即可，强烈建议不要进行这种操作，因为这不仅会产生带有大量空白单元格的表格，还会使代码急剧增加。若确实需要一个使用表格布局的页面，我们可以在开始布局时就使用表格或用表格重新布局。

Dreamweaver CS3 同样提供了将表格转换为 AP 元素（只能转换为 AP Div，不能转换为其他类型）的功能。这一功能对于制作大批量整齐的 AP Div 是很有帮助的，我们要着重学会这种方法。

不能转换页面上特定的表格或 AP 元素，必须是对整个页面内的对象进行转换操作。在模板文档或已应用模板的文档中，不能将 AP 元素转换为表格或将表格转换为 AP Div。若需转换，应该在非模板文档中创建布局，然后在将该文档另存为模板之前进行转换。

将表格转换为 AP Div

AP 元素的功能要比表格的功能强得多。所以，将表格转换为 AP Div 后，可以利用 AP 元素的操作，使网页更加丰富多彩。将表格转换为 AP Div 的方法如下：

（1）选择【修改】→【转换】→【将表格转换为 AP Div】命令，弹出【将表格转换为 AP Div】对话框，如图 9-1-14 所示。

①【防止重叠】：选中该项后，可防止 AP 元素重叠。

②【显示 AP 元素面板】：选中后，将显示【AP 元素】面板。

③【显示网格】和【靠齐到网格】：这两个选项，可设定使用网格来帮助定位 AP 元素。

（2）设定好选项后，单击【确定】按钮，表格将转换为 AP Div，空白单元格将不会转换为 AP 元素，除非它们具

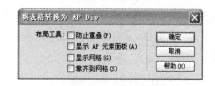

图 9-1-14 【将表格转换为 AP Div】对话框

有背景颜色。

　　注意：位于表格外的页面元素转换后也会放入 AP Div 中。

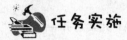任务实施

　　我们通过一个相框的制作来熟悉 AP 元素的基本操作。相框效果图如图 9-1-15 所示。

图 9-1-15　相框效果图

【操作步骤】

　　（1）新建一个文件夹，将"item9\task1\material\images"文件夹复制到此文件夹内，新建一个 html 文件，命名为"photobox.html"。

　　（2）制作相册背景。

　　① 选择【插入记录】→【布局对象】→【AP Div】命令，在网页中插入一个 AP Div。

　　② 单击该 AP Div 的双矩形控制柄，设其名为"apPhotoBoard"，宽：592px，高：480px，左：0px，上：0px，背景图像为"images\board.gif"。

　　（3）制作相册左上角树叶

　　① 在"apPhotoBoard"内单击，移动光标至"apPhotoBoard"内。

　　② 取消【AP 元素】面板的"防止重叠"。选择【插入记录】→【布局对象】→【AP Div】命令，在网页中插入一个 AP Div，查看"AP 元素"面板，会发现它是上一个 AP 元素的子元素。

　　③ 在【AP 元素】面板单击该 AP Div 的名称，在属性面板中设其名为"apLeaf"，宽：176px，高：122px，左：0px，上：0px，背景图像为"images\leaf.gif"。

　　（4）制作相框。

　　① 单击【插入】面板组【布局】面板的【绘制 AP Div】按钮，在网页中绘制一个 AP Div，在【AP 元素】面板中会发现它与第一个"apPhotoBoard"是同级的。

　　② 在【AP 元素】面板上按住 Ctrl 键的同时，拖动新建 AP Div 的名称，放到"apPhotoBoard"名称上，使新建的 AP Div 成为"apPhotoBoard"的子元素。

　　③ 在【AP 元素】面板单击该新建 AP Div 的名称，在属性面板中设其名为"apBox"，宽：245px，高：323px，左：296px，上：55px，背景图像为"images\box.gif"。

　　（5）制作相框上方的夹子。

　　（6）制作相框右上角的叶子。

　　① 新建一个"apPhotoBoard"的子元素。

② 在属性面板中设其名为"apLeafB"，宽：87px，高：118px，左：446px，上：55px，背景图像为"images\leaf-b.gif"。

（7）制作相框左下角的花。

① 新建一个"apPhotoBoard"的子元素。

② 在属性面板中设其名为"apFlower"，宽：119px，高：118px，左：313px，上：243px，背景图像为"images\flower.gif"。

（8）给相框加入相片。

① 新建一个"apPhotoBoard"的子元素。

② 在属性面板中设其名为"apPhoto"，宽：223px，高：290px，左：306px，上：70px。

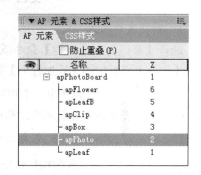

图 9-1-16　相框网页的【AP 元素】面板

③在"apPhoto"内单击，将光标移至"apPhoto"内，选择【插入记录】→【图像】命令，在弹出的菜单中选择"images\photo.jpg"文件，插入图像。

（9）整理。

"apPhoto"的 Z 值较大，应将其置于相框下。在【AP 元素】面板内，拖动"apPhoto"至"apBox"下。如图 9-1-16 所示。

（10）保存网页，在浏览器中查看效果。

 任务小结

本任务对 AP 元素有一个初步的认识。

（1）AP 元素即绝对定位元素，在以前的版本中被称为"层"，其最常用的是 AP Div，也可以是任何可在网页中使用的标签。AP 元素内也可插入任何可在网页中出现的对象。

（2）AP 元素的运用为我们对网页进行灵活布局提供了方便。它与 JavaScript 代码或者后文所述的行为结合使用，还可实现多种网页特效。

（3）AP 元素可以与表格互相转换，不过我们并不建议将 AP 元素转换为表格；而将表格转换为 AP Div 却是一项非常有用的功能，它可以帮助我们快速制作排列整齐的 AP Div 或者转换为 AP Div 以实现用表格无法实现的页面布局。

任务二　认识行为

通过本任务的学习，读者应该了解 Dreamweaver 中行为的实质及几个常用 Dreamweaver 内置行为的简单应用方法。

活动1　行为概述

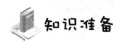 **知识准备**

一、行为综述

（1）行为是 Dreamweaver CS3 中一个非常强大的工具，它可以使用户不必手动编写任何 JavaScript

代码，即可实现多种动态效果。

（2）行为由事件（event）和对应动作（actions）组成。可实现用户与网页间的交互，通过某个事件来触发一个或多个动作。

（3）行为的关键在于 Dreamweaver CS3 提供了很多动作，这些动作，实质就是在 Dreamweaver 中预置的 JavaScript 程序。每个动作可以完成特定的任务。

注意：行为代码是客户端 JavaScript 代码，即它运行在客户端浏览器中，而不是服务器上。

二、动作和事件名称及含义

1. 动作名称及其含义

选择【窗口】→【行为】命令或按 Shift+F4 组合键，即可调出【行为】面板，如图 9-2-1 所示。单击【行为】面板中的【添加行为】按钮 ，弹出【动作名称】菜单（其主要内容见表 9-2-1），单击其中一个动作名称，会弹出一个相应的对话框，在该对话框中进行相应的动作设置并确定后，在【行为】面板的列表框内就会显示出动作的名称与默认的事件名称。选中动作名称后，【事件】栏中默认的事件名称右边会出现一个 按钮，可单击它从其下拉菜单中选择其他事件。

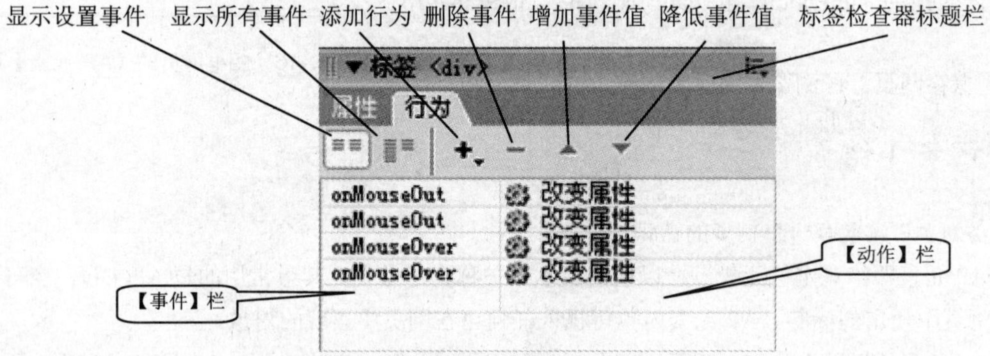

图 9-2-1 "行为" 面板

表 9-2-1 常用的动作名称及其含义

序号	动作的中文名称	对应的英文名称	动作的含义
1	交换图像	Swap Image	通过更改 \<img> 标签的 src 属性将一个图像和另一个图像进行交换
2	弹出信息	PopUp Message	显示一个包含指定消息的 JavaScript 警告对话框
3	恢复交换图像	Swap Image Restore	将最后一组交换的图像恢复为它们以前的源文件
4	打开浏览器窗口	Open Browser Window	在一个新的窗口中打开页面
5	拖动 AP 元素	Drag AP Element	让访问者拖动绝对定位的 AP 元素
6	改变属性	Change Property	更改对象某个属性的值（应熟悉 HTML 和 JavaScript）
7	显示一隐藏元素	Show-Hide Elements	显示、隐藏或恢复一个或多个页面元素的默认可见性
8	检查表单	Validate Form	检查指定文本域的内容以确保用户输入的数据类型正确
9	调用 JavaScript	Call JavaScript	执行自定义的函数或 JavaScript 代码行
10	跳转菜单	Jump Menu	插入跳转菜单对象时自动添加的行为
11	跳转菜单开始	Jump Menu Go	为含 "Go" 按钮的跳转菜单对象自动添加的行为
12	转到 URL	Go To URL	在当前窗口或指定的框架中打开一个新页
13	预先载入图像	Preload Images	对在页面打开之初不会立即显示的图像进行缓存以缩短显示时间

【动作名称】菜单内常用各动作的含义见表9-2-1。需注意的是，不同的目标浏览器支持的动作也许会不一样；选择的对象不一样，【动作名称】菜单中可以使用的动作也不一样。

2. 事件名称及其含义

如果要对所添加行为的默认事件进行更改，可单击【事件】栏中默认的事件名称右边的  按钮，调出【事件名称】下拉菜单。该菜单中列出了该对象可以使用的所有事件。

各个事件的名称、含义及可以作用的对象见表9-2-2。

表9-2-2 常用事件名称、含义及可以作用的对象

序号	事件名称	事件含义	事件可以作用的对象
1	onBlur	焦点从当前对象移开	按钮、链接和文本框等
2	onClick	单击对象（按下并松开鼠标按键）	所有对象
3	onDblClick	双击对象（连续两次按下并松开鼠标按键）	所有对象
4	onFocus	当前对象获得焦点	按钮、链接和文本框等
5	onKeyDown	某个键盘按键被按下	链接图像和文字等
6	onKeyPress	某个键盘按键被按下并松开	链接图像和文字等
7	onKeyUp	某个键盘按键被松开	链接图像和文字等
8	onMouseDown	鼠标按键被按下	链接图像和文字等
9	onMouseMove	鼠标被移动	链接图像和文字等
10	onMouseOut	鼠标移出对象区域	链接图像和文字等
11	onMouseOver	鼠标在对象区域内部	链接图像和文字等
12	onMouseUp	鼠标按键被松开	链接图像和文字等
13	onSubmit	表单提交	表单
14	onResct	表单重置	表单
15	onLoad	页面、图像等加载完成	页面、图像等
16	onUnload	页面关闭	页面等
17	onError	载入页面或图像时发生错误	图像、页面等
18	onChange	文本域的内容发生改变	文本域

三、关于行为的其他操作

1. 选择行为的目标对象

要添加行为，必须先选择事件作用的对象。可以是网页中的具体对象，也可以单击网页设计窗口左下角状态栏上的标记作为行为的目标对象。选中不同的对象后，标签面板标题栏的名称会随之发生变化。例如，当在网页中选择了 AP Div 时，标签面板标题栏显示为"标签 <div>"，如图 9-2-1 所示；当在设计窗口左下角状态栏单击<body>标记或在设计视图页面中按 Ctrl+A 组合键时，标签面板标题栏显示为"标签<body>"，如图 9-2-2 所示。

图 9-2-2 选择<body>标签、显示所有事件的【行为】面板

2. 添加和删除行为项

（1）添加行为项：单击【行为】面板中的【添加行为】按钮，调出【动作名称】菜单，再单击某一个动作名称，即可进行相应的动作设置。

（2）删除行为项：选中【行为】面板内某一个行为项后，单击【删除事件】按钮 **-**，即可删除选定的行为项。

3. 调整行为的执行次序

选中【行为】面板内某一个行为项后，单击【增加事件值】按钮 **▲** 可使选中行为的执行次序提前；单击【降低事件值】按钮 **▼** 可使选中行为的执行次序置后。

4. 过滤事件显示

【行为】面板默认显示已使用的事件，即已经进行设置的事件，如图 9-2-1 所示。单击【显示所有事件】按钮 ▦，则显示出选中对象所能使用的所有事件，如图 9-2-2 所示；单击【显示设置事件】按钮 ▦，则仅显示已设置事件。

四、"弹出信息"行为

"弹出信息"行为是 Dreamweaver 的内置行为之一，该行为显示一个包含指定消息的 JavaScript 警告对话框。这个对话框只有一个（【确定】）按钮，因此，使用此行为只能为用户提供信息，但不能让用户进行选择操作。

任务实施

本活动分为两部分内容：首先应根据本活动知识准备中的内容熟悉【行为】面板及【动作名称】菜单，为行为的应用做准备，然后按以下操作步骤为网页添加第一个行为。

【操作步骤】

（1）将"item9\task2\material\jsjwenhua"文件夹复制到练习文件夹，打开主页"default.html"。

（2）在设计视图单击状态栏左下角的<body>，或者在表格外的空白位置单击，确保标签面板标题栏显示的是"<body>"。

（3）单击【行为】面板的【添加行为】按钮 **+.**，在弹出的菜单中选择【弹出信息】选项，弹出【弹出信息】对话框，如图 9-2-3 所示。

图 9-2-3 【弹出信息】对话框

（4）在对话框的【消息】文本框内输入"欢迎浏览计算机知识网！"，单击【确定】按钮关闭对话框，【行为】面板出现一行，动作栏为"弹出信息"，事件栏为"onLoad"，如图 9-2-4。

（5）保存文件，在浏览器中进行测试，打开网页后首先弹出【来自网页的消息】对话框（应确保浏览器允许运行脚本），如图 9-2-5 所示。单击【确定】按钮关闭对话框后方可浏览网页。

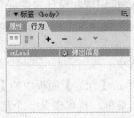

图 9-2-4 【行为】面板

图 9-2-5 【弹出消息】行为的运行结果

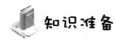

活动2　应用行为一

知识准备

一、"显示－隐藏元素"行为

1. "显示－隐藏元素"行为概述

（1）"显示－隐藏元素"行为属于 Dreamweaver 的内置行为之一。此行为用于在用户与网页进行交互时显示信息。

（2）"显示－隐藏元素"行为可显示、隐藏或恢复一个或多个页面元素的默认可见性。也就是说一个"显示－隐藏元素"行为可以控制一个或多个页面元素的显示、隐藏、恢复默认可见性。因为 AP 元素在低版本 Dreamweaver 中被称为层，所以此内置行为的函数名为 MM_showHideLayers()。

2. 添加"显示－隐藏元素"行为的一般步骤

（1）选择一个对象，然后从【行为】面板的【添加行为】菜单中选择"显示－隐藏元素"，弹出"显示－隐藏元素"对话框，如图9-2-6所示。

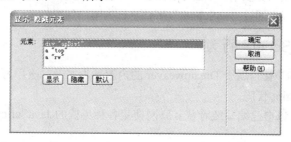

图 9-2-6　【显示—隐藏元素】对话框

（2）从【元素】列表中选择要显示或隐藏的元素，然后根据需要单击【显示】、【隐藏】或【默认】（恢复默认可见性）按钮。

（3）对其他所有要更改其可见性的元素重复步骤(2)（可以通过单个行为更改多个元素的可见性）。

（4）单击【确定】按钮，并查验默认事件是否正确。若不正确，则将其改为所需事件。

3. 关于图片说明文字的显示和隐藏方法

有多种方法可实现为网页中的图片添加文字说明，并且在鼠标移到图片上显示、移开图片后隐藏的效果。

1）alt 和 title 属性

跟图片显示文字有关的 img 标签的属性有 alt 和 title，其中，alt 用于在图片未显示或不能正常显示时的替换文字及作为图片关键词让搜索引擎便于识别（低版本 IE 在图片能正常显示时也可以在鼠标滑过图片时显示 alt 文本，而这并不是标准的做法，这一不标准做法直到 IE8 才被修复），所以，alt 属性只适合使用简单的关键词对图片内容进行简单描述，而不是大段文本，并且它其实不能实现我们的要求；title 属性（是图片的属性，而不是网页标题的 title 标签）虽然可以实现鼠标移动到图片上显示、移开后隐藏文字的效果，但是将大段文本放在 title 属性有可能会被搜索引擎认为是关键词作弊而使该网页所在网站受到被屏蔽或排名置后等惩罚，所以，如果仅是对图片进行简单描述可选择 title 属性，如果要大段描述，则不建议使用 title 属性。

2）CSS

因为搜索引擎对 CSS 标签的隐藏要求并不是很严格，所以，要实现类似要求的一些网页特殊效果，而不是恶意隐藏文本，往往使用 CSS 中 style 的 display 属性或 visibility 属性。其中，visibility 在对象隐藏时仍占据页面空间，而 Display 会删除对象不可见时所占据的空间。

3）"显示－隐藏元素"行为

设计者可根据实际情况确定使用哪种方法。熟悉代码的读者可以自编函数实现更为灵活的显示－隐藏效果。例如，通过单击图片实现相关两个元素的交替显示等。有兴趣的读者还可以去了解一下 jQuery。

如果仅是完成显示－隐藏图片说明文字这一简单要求，并且不需手工输入代码，"显示－隐藏元素"行为应该是一个不错的选择。这一行为实质就是针对 style 的 visibility 属性的 JavaScript 代码。

二、"检查表单"行为

（1）"检查表单"行为属于 Dreamweaver 的内置行为之一。该行为用于在客户端检查用户输入的数据类型是否正确。可应用于文本域、提交按钮、整个表单。

（2）如果要分别验证文本域，行为的触发事件可以选择"onBlur"或"onChange"。但由于"onChange"事件仅在文本域内容发生改变时才会触发验证行为；而"onBlur"事件则无论文本域内容是否改变，只要其失去焦点即触发验证行为，因此，最好选择"onBlur"为触发事件。

（3）如果只需在用户填写完表单，单击【提交】按钮时进行验证，则可以通过"onClick"事件将行为附加到【提交】按钮；或者通过"onSubmit"事件将行为附加到表单。

三、"调用 JavaScript"行为

（1）"调用 JavaScript"行为属于 Dreamweaver 的内置行为之一。该行为在事件发生时执行一个自定义函数或者一行 JavaScript 代码。

（2）函数或代码行可以自己编写或者从互联网搜集各种免费的 JavaScript 代码。

任务实施

本活动学习 3 个行为的应用，"显示－隐藏元素"和"检查表单"行为我们各用一个实例，"调用 JavaScript"行为用代码和函数两个实例。

一、应用"显示－隐藏元素"行为

要求：

给"计算机知识网"中"jsjwenhua.html"页面下方的 4 位人物图片添加行为，使得在鼠标移过图片时显示该人物的介绍文本，移开后介绍文本内容消失。

说明：

可用"显示－隐藏"行为实现这一要求。

【操作步骤】

（1）找到上次复制的"计算机知识网"所在的练习文件夹，打开文件"jsjwenhua. html"。

（2）在设计视图左下角第一幅图片附近适当位置插入 AP Div，输入或粘贴介绍文本（可从提供的文本文件素材中复制粘贴）：

阿兰·图灵（Alan Turing，1912—1954）英国著名的数学家和逻辑学家，被称为计算机科学之父、人工智能之父，是计算机逻辑的奠基者，提出了"图灵机"和"图灵测试"等重要概念。人们为纪念其在计算机领域的卓越贡献而设立"图灵奖"。

设置 AP Div 的背景色和文字颜色（插入的 AP Div 被自动命名为"apDiv1"），如图 9-2-7 所示：

图 9-2-7 在图片附近加入 AP Div

（3）单击第一幅图片，单击【添加行为】下拉菜单的【显示－隐藏元素】菜单项，弹出【显示－隐藏元素】对话框，如图 9-2-6 所示。

（4）使"div 'apDiv1'"行高亮。单击【显示】，单击【确定】。

（5）在"行为"面板，设置其事件为"onMouseOver"。

（6）用同样的方法，设置"div 'apDiv1'""隐藏"，事件为"onMouseOut"。

（7）设置"apDiv1"的默认可见性为"hidden"（隐藏）：

单击【AP 元素】面板的 ![] 按钮或"apDiv1"行的 ![] 列，使其变为 ![] 图标（隐藏），如图 9-2-8 所示。

或从【apDiv1】的属性面板【可见性】下拉列表设置该项的值为"hidden"，如图 9-2-9 所示（也可最后统一在【AP 元素】面板设置所有 AP Div 默认可见性为隐藏）。

图 9-2-8 【AP 元素】面板

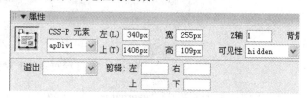

图 9-2-9 【AP 元素】属性

（8）取消【AP 元素】面板的"防止重叠"（否则在绘制新的 AP Div 时会受影响），对另外 3 幅图片按步骤（2）～（7）操作。

（9）保存文件，在浏览器中进行测试，观察效果。

二、"检查表单"行为

要求：

请分别以附加到单文本域、【提交】按钮、整个表单 3 种方式给"zhuce.html"（仅为测试客户端代码，不涉及服务器端代码，所以暂使用 html 文件）页的"用户注册"表单（图 9-2-10）添加"检查表单"行为，要求如下：

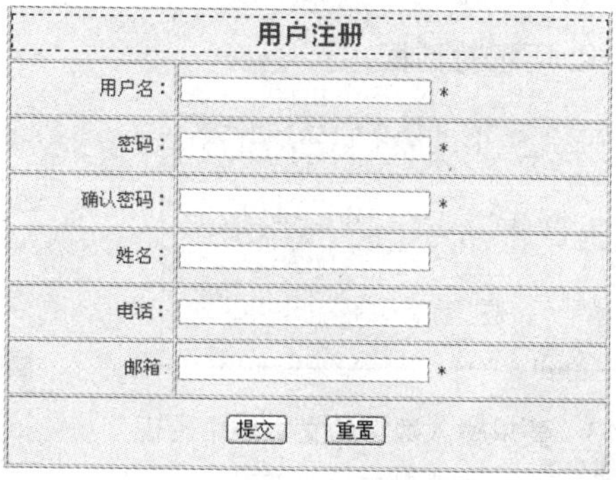

（1）用户名的 username、密码的 password1、确认密码的 password2 文本域必须输入，可以是任意字符。

（2）电话的 tel 文本域，只能是数字。

（3）邮箱的 add 文本域，必须输入，且必须符合电子邮件地址格式。

说明：

该任务要求分别以 3 种方式实现对表单的输入域进行

图 9-2-10 用户注册表单

检查。

（1）在将行为附加到单个文本域时，应依次对每个需验证的文本域进行行为的添加，触发事件均应选择"onBlur"。

（2）在将行为附加到表单的"提交"按钮时，只需进行一次设置即可。触发事件应选择"onClick"。

（3）在将行为附加到整个表单时，应先选择设计视图状态栏的<form>标签，再添加行为，也仅需一次设置。触发事件为"onSubmit"。

注意：为确保效果查看的准确，应保证每种方式操作的独立性。可每次将网页素材另存为一个新页面，在每种方式添加行为并查看效果后，用下一种方式时重新另存原来的素材网页。

【操作步骤】

1. 给单文本域添加"检查表单"行为

（1）打开"item9\task2\material\zhuce.html"网页，另存至练习文件夹，文件名为"zhuce1.html"，切换到设计视图。

（2）单击【用户名】的【username】文本域，从【添加行为】的下拉菜单中选择【检查表单】，弹出【检查表单】对话框（图9-2-11）。

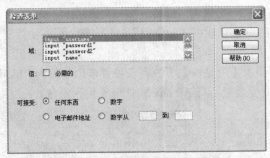

图 9-2-11 【检查表单】对话框

（3）确保【域：】列表框中"username"行高亮。

（4）勾选【值：必需的】复选框，单击【确定】按钮，关闭对话框。

（5）确保事件为"onBlur"。

（6）用同样的方法对"密码"的"password1"文本域和"确认密码"的"password2"文本域添加行为。

（7）给"电话"的"tel"文本域添加行为，其【域：】中"tel"高亮，【可接受：】为"数字"，事件为"onBlur"。

（8）给"邮箱"的"add"文本域添加行为，其【域：】中"add"高亮，勾选【值：必需的】，【可接受：】为"电子邮件地址"，事件为"onBlur"。

（9）保存网页，并在浏览器验证效果。

当未输入"用户名"而离开该文本域，网页弹出如图9-2-12所示对话框。

图 9-2-12 未填写"用户名"的错误提示

图 9-2-13 要求输入数字的文本域中出现
非数字的错误提示

当在"电话"中输入了非数字字符而离开该文本域，网页弹出如图 9-2-13 所示对话框。

当在"电子邮件地址"中未输入"@"或"@"符号未在其他字符中间而离开该文本域，网页弹出如图图 9-2-14 所示对话框。

2. 为【提交】按钮添加"检查表单"行为

（1）重新打开素材文件，另存为练习文件夹的"zhuce2.html"。

（2）单击【提交】按钮，从【添加行为】的下拉菜单中选择"检查表单"，弹出【检查表单】对话框。

（3）在【检查表单】对话框中，对需验证的各文本域依次按要求进行设置，如图 9-2-15 所示。

（4）确保触发事件为"onClick"，保存网页，验证效果。

当未输入任何内容，而单击【提交】按钮时，网页弹出如图 9-2-16 所示对话框。

当电话号码与电子邮件文本域输入错误时，网页弹出如图 9-2-17 所示对话框。

图 9-2-14　电子邮件地址输入格式不正确的提示

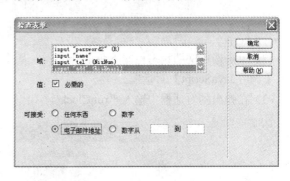

图 9-2-15　对【提交】按钮添加行为的设置

图 9-2-16　未输入任何内容而提交时的错误提示

图 9-2-17　电话号码与电子邮件文本域出错的提示

3. 为整个表单添加"检查表单"行为

（1）重新打开素材文件，另存为练习文件夹下"zhuce3.html"。

（2）单击设计视图状态栏的\<form\>标签。整个表单区域被选中。

（3）添加"检查表单"行为，设置同【提交】按钮，但其触发事件为"onSubmit"。

（4）保存网页，在浏览器中验证效果。

三、"调用 JavaScript"行为

实例 1：给"计算机知识网"的首页"default.html"添加行为，使得在打开该页时，浏览器的状态栏显示当前的系统时间。

说明：该任务要求在打开网页时，在浏览器的状态栏显示当前的系统时间。所以，此行为应在\<body\>中，触发事件应为"onLoad"，调用的 JavaScript 应为一个函数，此函数可从互联网搜集。内容如下：

```
function runClock(){
theTime=window.setTimeout("runClock()",1000);
```

```
var today=new Date();
var display=today.toLocaleString();
status=display;
}
```

【操作步骤】

（1）打开上次练习的首页"default.html"，切换到代码视图。将如下代码加入到<body>区域中：

```
<SCRIPT language="javascript">
<!-- Begin
function runClock(){
theTime=window.setTimeout("runClock()",1000);
var today=new Date();
var display=today.toLocaleString();
status=display;
}
//End -->
</SCRIPT>
```

（2）单击选中文档状态栏左下角的<body>，从【添加行为】下拉菜单中选择"调用 JavaScript"，弹出【调用 JavaScript】对话框。

（3）在弹出的对话框中输入"runClock()"（代码中的函数名称），如图 9-2-18 所示。

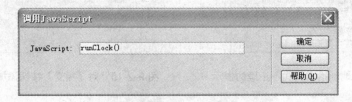

图 9-2-18　调用 JavaScript 之输入函数

（4）保存网页，在浏览器中查看状态栏的时间显示效果。

实例 2：在"计算机知识网"首页"default.html"下方添加按钮【关闭窗口】，并为此按钮添加行为，使得单击该按钮时，可将当前窗口关闭。

说明：该实例要求在网页中添加一个按钮，并为其添加关闭窗口的行为。按钮可用添加表单按钮实现；行为可用"调用 JavaScript"实现。此行为因为是在单击按钮时触发，所以触发事件应为"onClick"，调用的 JavaScript 应为代码行：window.close()。

【操作步骤】

（1）打开"default.html"，切换到设计视图，拖动滚动条到页面下方。将插入点移至"进入网站"后，输入一个空格。

（2）展开【插入】栏，选择【表单】类别，单击【按钮】按钮，在插入点插入一个按钮。

（3）修改该按钮的值为"关闭窗口"、动作为"无"，其他选项按默认值不变。

（4）为该按钮添加行为"调用 JavaScript"，输入代码"window.close()"，如图 9-2-19 所示。

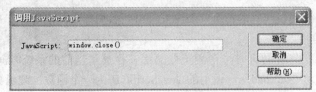

图 9-2-19　调用 JavaScript 之输入代码行

（5）确保其触发事件为"onClick"，保存网页，在浏览器中打开网页，测试效果。

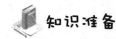

活动3 应用行为二

知识准备

一、"拖动AP元素"行为

1. "拖动AP元素"行为介绍

（1）"拖动AP元素"行为属于Dreamweaver的内置行为之一。

（2）使用此行为可以创建拼图游戏、滑块控件及其他可移动的界面元素。

（3）添加"拖动AP元素"行为时，可以指定以下内容：网页访问者可以向哪个方向拖动AP元素（水平、垂直还是任意）；访问者应该将AP元素拖动到的目标位置；当AP元素距离目标位置在一定数值的像素范围内时是否将AP元素靠齐到目标位置；当AP元素放置到目标位置后应执行的操作等。

注意：因为必须先调用"拖动AP元素"行为，访问者才能拖动AP元素，所以应将"拖动AP元素"行为附加到body对象，而非AP元素本身，相对应的事件应为"onLoad"。

另外，由于"AP Div"在低版本Dreamweaver中被称为"层"，所以"拖动AP元素"的内部函数名为"MM_dragLayer"，而不是"MM_dragAPElement"。

2. 添加"拖动AP元素"行为的一般步骤

（1）首先在页面中插入AP Div。

（2）在设计视图中单击文档窗口左下角状态栏中的"<body>"标签。

（3）从【行为】面板的【添加行为】下拉菜单中选择"拖动 AP 元素"（注意：如果"拖动 AP元素"不可用，则可能是你选择了一个AP元素，此时取消其选择即可），弹出【拖动 AP 元素】对话框，如图9-2-20所示。

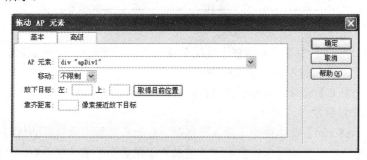

图9-2-20 拖动AP元素－基本

（4）从【AP 元素】下拉列表中选择需添加行为的AP Div。

（5）在【移动】下拉列表中选择"限制"或"不限制"。

注意：不限制移动适用于拼图游戏和其他拖放游戏；对于滑块控件和可移动的布景（例如，文件抽屉、窗帘和小百叶窗等），应选择限制移动。

（6）若选择"限制"移动，还应在出现的"上"、"下"、"左"、"右"4个文本框中输入以像素为单位的值。

注意：这些值是相对于页面打开时 AP 元素的起始位置的（而非拼图游戏中的目标位置）。如果限制在矩形区域中的移动，则在所有4个框中都输入正值。若要只允许竖直移动，则在【上】和【下】文本框中输入正值，在【左】和【右】文本框中输入0。若要只允许水平移动，则在【左】和【右】文本框中输入正值，在【上】和【下】文本框中输入0。

（7）在【放下目标】的【左】和【上】文本框中为所拖放 AP 元素的目标位置输入值（以像素为单位）。

注意： 拖放目标是我们希望访问者将 AP 元素拖动到的点。当 AP 元素的左坐标和上坐标与我们在【左】和【上】文本框中输入的值匹配时，便认为 AP 元素已经到达拖放目标。这些值是与浏览器窗口左上角的相对值。单击【取得目前位置】可使用 AP 元素的当前位置自动填充这两个文本框。

（8）在【靠齐距离】框中输入一个值（以像素为单位）以确定访问者必须将 AP 元素拖到距离拖放目标多近时，才能使 AP 元素靠齐到目标。这个值填写得稍大一些可以使访问者较容易找到拖放目标。一般按默认 50 像素即可。

对于简单的拼图游戏和布景处理，到此步骤为止即可。若要定义 AP 元素的拖动控制点、在拖动 AP 元素时跟踪其移动，以及在放下 AP 元素时触发一个动作，可单击【高级】标签，在【高级】选项卡中设置，如图 9-2-21 所示。

（9）若要指定访问者必须将鼠标按在 AP 元素的特定区域（如标题栏或抽屉把手等）才能拖动 AP 元素，应从【拖动控制点】下拉列表中选择"元素内的区域"；然后在出现的文本框内输入该区域相对于 AP 元素的左坐标和上坐标，以及该区域的宽度和高度。若不限定拖动控制点区域，则设为默认的"整个元素"。

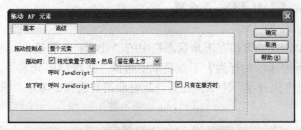

图 9-2-21　拖动 AP 元素－高级

（10）勾选【拖动时：】中【将元素置于顶层】复选框，可使拖动 AP 元素时，该 AP 元素在所有其他的 AP Div 上方，否则保持在原堆叠次序拖动；

【然后】【留在最上方】使释放鼠标后该 AP 元素留在其他 AP Div 上方，而【恢复 z 轴】则使该 AP 元素放下后恢复原堆叠次序。

（11）【呼叫 JavaScript】文本框用于输入在拖动 AP 元素过程中所执行的代码或函数，例如，可以编写一个用于监视 AP 元素实时坐标并将相关信息显示在页面中某处的函数，然后将该函数的名称输入到此文本框内。

（12）【放下时：呼叫 JavaScript】文本框用于输入释放鼠标后执行的代码或函数。若要求必须在 AP 元素放到目标位置才执行，则应勾选【只有在靠齐时】复选框。

（13）单击【确定】按钮，并确保默认事件为"onLoad"。

二、"跳转菜单"和"跳转菜单开始"行为

1. "跳转菜单"和"跳转菜单开始"行为介绍

（1）"跳转菜单"和"跳转菜单开始"行为是 Dreamweaver 的内置行为之一。"跳转菜单"行为并不需要手动添加，而是通过【插入对象】→【表单】→【跳转菜单】命令创建跳转菜单时，Dreamweaver 会创建一个菜单对象并根据设计者的设定为其附加一个"跳转菜单"或"跳转菜单开始"行为。

（2）"跳转菜单"，指的是一个可导航的下拉菜单，当从中选择一项后就会跳转到某个 URL。一般情况下，只需一个"跳转菜单"附加"跳转菜单"行为即可，当从跳转菜单选择一项后不需要任何进一步的用户操作即转向该项所对应 URL 。如果访问者选择已在跳转菜单中选择的同一项，则不会

发生跳转，一般这也不会有多大关系，但是如果跳转菜单出现在一个框架中，而跳转菜单项链接到其他框架中的页，则通常需要使用【转到】按钮，以允许访问者重新选择已在跳转菜单中选择的项。

2. 创建"跳转菜单"及添加"跳转菜单"或"跳转菜单开始"行为

（1）在设计视图的适当位置单击。

（2）选择【插入记录】→【表单】→【跳转菜单】命令，弹出【插入跳转菜单】对话框，如图 9-2-22 所示。

①【文本】输入框：输入需要在菜单列表中显示的菜单名称，第一个菜单项中输入的内容将直接显示在页面的文本框中。可以输入一些提示性的文本作为第一个菜单项。

②【选择时，转到 URL】输入框：单击其后的【浏览】按钮选择本地站点内的文件或直接输入要打开文件的路径，也可输入互联网的 URL。可实现选择菜单项跳转到所输入的特定网页。

③【打开 URL 于】下拉列表：用于设置菜单中选择文件打开的位置。选择"主窗口"时，文件打开在本网页同一个窗口；若网页含有框架，则可选择一个框架，文件将在该框架中打开。

④【菜单 ID】输入框：跳转菜单在网页中的名称，在网页中创建的第一个跳转菜单的默认名称为"jumpMenu"。

⑤【菜单之后插入前往按钮】复选框：若不选，则只有跳转菜单，附加"跳转菜单"行为；若复选，则在跳转菜单后插入一个前往按钮，并附加相应的"跳转菜单开始"行为。

⑥【更改 URL 后选择第一个项目】复选框：若不选，则当访问者选择相应的菜单进行跳转后，停留在所选项；若复选，则跳转后会自动将第一项菜单显示在菜单框中。

⑦【添加项】按钮及【删除项】按钮可增删菜单项；【在列表中上移项】按钮及【在列表中下移项】按钮可调整选定菜单项位置；【菜单项】列表框显示所有菜单项。

（3）在【插入跳转菜单】对话框中进行设置后，单击【确定】按钮，即在当前网页中创建了一个菜单类型的表单对象。

如果创建跳转菜单时没有选择【菜单之后插入前往按钮】，则跳转菜单后面没有【前往】按钮。若要在菜单后添加一个【前往】按钮，则可以先创建一个表单按钮或按钮图片，然后为其添加一个"跳转菜单开始"行为。

无论是创建跳转菜单还是后来编辑时使用【前往】按钮，当将【前往】按钮用于跳转菜单时，【前往】按钮即成为将用户"跳转"到与菜单中的选定内容相关的 URL 时所使用的唯一机制。在跳转菜单中选择菜单项时，不再自动跳转到另一个页面或框架，而是需要再单击【前往】按钮完成跳转。

3. 编辑已有的跳转菜单

有两种方法可以编辑现有的跳转菜单。

1）方法 1

在【行为】面板中双击现有的"跳转菜单"行为，弹出如图 9-2-23 所示【跳转菜单】对话框。与图 9-2-22 相比，只是少了【菜单 ID】文本框和【菜单之后插入前往按钮】复选框。

图 9-2-22 【插入跳转菜单】对话框

图 9-2-23 【跳转菜单】对话框

可以编辑和重新排列菜单项，更改要跳转到的文件，以及更改这些文件的打开窗口。

2）方法2

在设计视图选择该菜单后单击【属性】面板中的【列表值】按钮，弹出【列表值】对话框，如图9-2-24所示。可以在这个对话框中编辑菜单项。

4．在有无【前往】按钮的跳转菜单之间转换

1）为跳转菜单添加"前往"按钮并添加行为

（1）将光标定位在跳转菜单右边，选择【插入记录】→【表单】→【按钮】命令，则在网页中添加了一个按钮，在【属性】面板中将其值改为"Go"，动作设为"无"；或者也可以添加一个按钮图片。

（2）在设计视图中选中该按钮或按钮图片。【行为】面板【添加行为】下拉菜单中选择"跳转菜单开始"，弹出【跳转菜单开始】对话框，如图9-2-25。

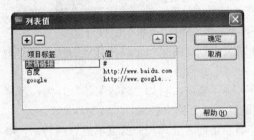

图 9-2-24 【列表值】对话框

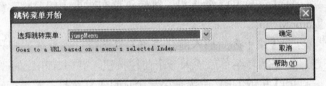

图 9-2-25 【跳转菜单开始】对话框

（3）如果网页中存在多个跳转菜单，则【选择跳转菜单】下拉列表中会显示多个菜单名称。从中选择要控制的跳转菜单的名称。单击【确定】按钮。在【行为】面板中确保其默认事件为"onClick"。

此时，原来的跳转菜单就变为带【前往】按钮的跳转菜单。当在跳转菜单中选择一项后，需再单击【前往】按钮，才能转到相应的 URL。

2）将有【前往】按钮的跳转菜单转换为不带【前往】按钮的跳转菜单

（1）删除【跳转菜单】后的【前往】按钮（或命名为其他名称的功能相同的按钮，如"Go"、"转到"）。

注意：此时，【前往】按钮所附着的"跳转菜单开始"行为也被删除。若访问者更新跳转菜单，不会自动转向相应的 URL。需再为其添加"跳转菜单"行为。

（2）单击设计视图中的跳转菜单。从【行为】面板【添加行为】下拉菜单选择【跳转菜单】，弹出【跳转菜单】对话框（图9-2-23）。确认无误后单击【确定】按钮。在【行为】面板中确保其默认事件为"onChange"。

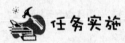

任务实施

分别用两个实例学习"拖动 AP 元素"行为及"跳转菜单"和"跳转菜单开始"行为。

一、添加"拖动 AP 元素"行为

要求：

用"item9\task2\material\game\images"文件夹内可拼成一张大图的九个小图片，制作一个简单拼图游戏网页"pintu.html"，保存到练习文件夹。

分析：

该任务要求制作一个拼图游戏网页。可用"拖动 AP 元素"行为完成此任务。

为方便记录各小图片目标位置，可先将各图片 AP 元素排列在目标位置。同时为便于布局，可先使用表格排列图片，再将表格转换为 AP Div，然后在 body 内依次为各 AP Div 添加"拖动 AP 元素"

行为。最后将各AP元素以尽量分散的方式拖动到新的位置，保存网页后在浏览器中进行验证。

【操作步骤】

（1）将"item9\task2\sample\game"文件夹复制到练习文件夹，在"game"文件夹内建立一个新的html文件，命名为"pintu.html"。

（2）插入一个3行3列的表格。宽度360，边框、单元格边距、间距均设为0。

（3）依次设置各单元格的宽为120，高为85。

（4）依次在各单元格内顺序插入各小图片。

（5）将表格转换为AP Div。系统自动给它们命名为"apDiv1"——"apDiv9"。

（6）在AP Div外的区域单击，或单击设计视图状态栏的"<body>"标签。

（7）为第一个AP元素添加"拖动AP元素"行为：

【基本】选项卡设置如下（图9-2-26）：

图9-2-26 任务－拖动AP元素－基本

① 【AP元素】下拉列表中选择"div "apDiv1""；移动：不限制。

② 放下目标：单击【取得目前位置】按钮取值，此处为左：10，上：15。

③ 靠齐距离：50。

【高级】选项卡设置如下（图9-2-27）：

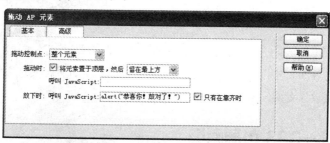

图9-2-27 任务－拖动AP元素－高级

① 拖动控制点：整个元素。

② 拖动时：将元素置于顶层，然后"留在最上方"。

③ 呼叫JavaScript：（空白）。

④ 放下时：呼叫JavaScript：alert（"恭喜你！放对了！"）只有在靠齐时。

（8）单击【确定】按钮关闭对话框，确保事件为"onLoad"。

（9）按同样的方法依次为其他几个AP元素添加"拖动AP元素"行为。

注意：

（1）因为每个AP元素的"放下目标"均由"取得目前位置"获得，而其他设置均相同，所以只需依次更改AP元素名称、取得目前位置、输入放下时呼叫JavaScript代码即可，而无须再依次确认每个AP Div。

（2）在添加"拖动AP元素"前不要选择任何AP元素，否则，"拖动AP元素"行为将不可选。

（10）在图的右侧输入简单的文字介绍。

（11）留下第一幅图片的 AP 元素用于定位，将其余图片的 AP 元素以尽量分散的方式拖动到右下方。最后保存网页，在浏览器中验证效果。

注意：拖动 AP 元素应拖动左上方的 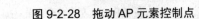 标记，如图 9-2-28 所示。否则很可能会出现图片和 AP Div 分离等异常情况。

图 9-2-28　拖动 AP 元素控制点

二、使用"跳转菜单"或"跳转菜单开始"行为

要求：

在"计算机知识网"网站首页"default.html"页面右下方添加"中关村在线"、"IT168"、"太平洋电脑网"、"网易学院"等一批 IT 网站的"友情链接"。

说明：

该任务可以用不带【前往】按钮的"跳转菜单"实现。

【操作步骤】

（1）打开上次练习后保存的"default.html"文件。

（2）将光标置于"友情链接"下方的单元格内。

（3）选择【插入记录】→【表单】→【跳转菜单】，或面板【插入】→【表单】→【跳转菜单】命令，弹出【插入跳转菜单】对话框，如图 9-2-22。

（4）依次为各菜单项添加文本和 URL，其中文本"友情链接"的"转到 URL"为"#"。【打开 URL】下拉列表均选择【主窗口】。

（5）所有内容设置完毕后，单击【确定】按钮，关闭对话框。

（6）保存网页，在浏览器中测试。跳转菜单效果如图 9-2-29 所示。

图 9-2-29　跳转菜单效果

 任务小结

行为可认为是预先设计好的一些 JavaScript 功能模块。在需要时可随时调用而无须重新编程，从而大大提高网页设计的效率。这不仅可以使对代码不够精通的初学者轻松实现需编程才能实现的功能，也可以使有经验的网页设计者减轻书写代码的工作量。

任务三　使用 Div+CSS 布局网页

Div+CSS 是网站标准（或称"Web 标准"）中常用术语之一，通常为了说明与 HTML 网页设计语言中的表格（table）定位方式的区别，因为 XHTML 网站设计标准中，不再使用表格定位技术，而是采用 Div+CSS 的方式实现各种定位。

通过本任务的学习，读者能够了解使用 Div+CSS 布局页面的优点；掌握 CSS 盒子模型的组成；能够熟练使用 Div+CSS 布局简单的网页。

活动　使用 Div+CSS 布局"中国茶道"网站首页

 知识准备

一、使用 CSS 布局页面

CSS 布局的基本构造块是 div 标签，它是一个 HTML 标签，在大多数情况下，用作文本、图像或其他页面元素的容器。当创建 CSS 布局时，会将 div 标签放在页面上，向这些标签中添加内容，然后将它们放在不同的位置上。与表格、单元格不同，div 标签可以出现在 Web 页上的任何位置，可以用绝对方式或相对方式来定位 div 标签，还可通过指定浮动、填充和边距放置 div 标签。

1. 使用 Div+CSS 布局页面的优点

使用 Div+CSS 布局网页已经成为一种潮流，下面是使用 Div+CSS 布局页面的优点：

（1）符合 W3C 标准。W3C 标准是现在主流的标准，这样可以保证网站不会因为网络的升级而惨遭淘汰。

（2）结构清晰，容易被搜索引擎搜索到，并能够优化搜索引擎。

（3）有很强的易用性，可以进行一次设计后，在其他地方发布。支持浏览器的向后兼容，几乎在所有的浏览器上都可以使用。

（4）表现和内容分离。一般情况下，网页会有许多内容，将网页设计部分剥离出来放在一个独立的样式文件中，代码会更加简洁，页面和样式可以方便地进行更新，能够大大提高网页下载速度。在使用表格布局时，会产生很多垃圾代码，并且一些修饰的样式及布局的代码混合在一起，相比之下，Div 更着重体现样式和结构相分离，因而结构的重构性强。

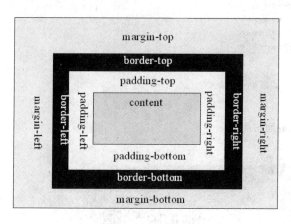

图 9-3-1　CSS 的盒子模型

2. CSS 的盒子模型

CSS 盒模型是 Div 布局的核心所在。传统的表格布局是通过大小不一的表格和表格嵌套来定位网页内容，使用 Div+CSS 布局页面后，就是通过由 CSS 定义的大小不一的盒子和盒子嵌套来布局网页。这种布局方式的网页代码简洁，表现和内容相分离，维护方便，能兼容更多的浏览器。

页面中的所有元素都可以看成一个盒子，占据着一定的页面空间，如图 9-3-1 所示，为 CSS 的盒子模型。

一个盒子模型由 content（内容），border（边框）、padding（填充）和 margin（间隔）这 4 个部分组成。所以整个盒模型在页面中所占的宽度是由 " content+padding+border+ margin " 组成。

在 css 中，可以设定 width 和 height 来控制 content 的大小，对于任何一个盒子，都可以分别设定各自边的 border，padding，margin 从而实现页面布局的效果。

二、使用 Div+CSS 在网页制作中的基本过程

第一步：构思。

根据用户需求，归类得出相关栏目及子栏目，遵循操作简易、直观大方的设计原则，合理规划出网站的栏目布局、内容显示、颜色定义、图片、动画应用。

第二步：效果图。

一般来说还需要用 PhotoShop 或 Fireworks 等图像处理软件将需要制作的页面布局简单构画出来，如图 9-3-2 所示，是一幅构思好的页面布局图。

第三步：设计网页布局图。

根据构思好的界面布局图来规划页面的布局，仔细分析该图，图片大致分为以下几个部分：

（1）顶部部分，其中又包括了 Logo、MENU 和一幅 Banner 图片。

（2）内容部分，又可分为侧边栏、主体内容。

（3）底部，包括一些版权信息。

根据以上分析，设计后的网页布局，如图 9-3-3 所示。

图 9-3-2　网页界面布局图

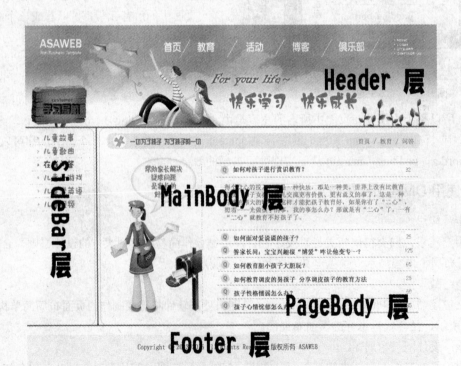

图 9-3-3　网页布局图

根据上图，设计出一个实际的页面布局图，如图 9-3-4 所示，说明层的嵌套关系。

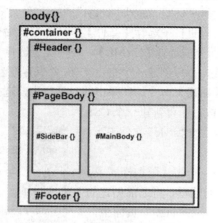

图 9-3-4 实际的页面布局图

Div 结构如下：

```
body {}  /*这是一个 HTML 元素*/
└#Container {}  /*页面层容器*/
    ├#Header {}  /*页面头部*/
    ├#PageBody {}  /*页面主体*/
    │  ├#Sidebar {}  /*侧边栏*/
    │  └#MainBody {}  /*主体内容*/
    └#Footer {}  /*页面底部*/
```

至此，页面布局与规划已经完成，接下来我们要做的就是开始书写 HTML 代码和 CSS。

任务实施

本活动使用 Div+CSS 布局的方法创建一个简单的页面。通过本活动的学习，读者可以清晰地了解使用 Div+CSS 在网页制作中的基本过程及其优势。

本活动是以茶道为主题设计制作网站首页，主题风格侧重于个性时尚，采用的布局类型为封面型，其中"container"是整个页面的容器，"main"是页面的主体内容，"footer"为页面放置版权信息的区域，设计好的页面布局图如图 9-3-5 所示。

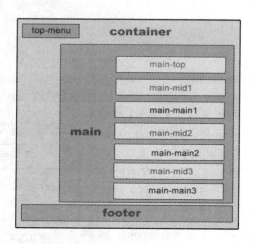

图 9-3-5 页面布局图

【操作步骤】

（1）将本活动的素材文件"item9\task3\material\ chayi"中的文件夹复制到站点根文件夹中。

（2）在 Dreamweaver CS3 的菜单栏中选择【文件】→【新建】命令，在弹出的【新建文档】对话框中，选择【空白页】标签，页面类型选择【HTML】，布局类型选择【无】，文档类型选择【XHTML 1.0 Transitional】，单击【创建】按钮，即可创建一个空白文档，并保存在当前站点中，命名为"index.html"。

（3）再次选择【文件】→【新建】命令，在弹出的对话框中，选择【空白页】标签，页面类型选择【CSS】，然后单击【创建】按钮即可新建一个 CSS 文件，将这个 CSS 文件保存在站点的"style"文件夹下，并命名为"div.css"。

（4）在【CSS 样式】面板中，单击【附加样式表】按钮，弹出【链接外部样式表】对话框，将之前创建的"div.css"外部样式文件链接到"index.html"页面中，如图 9-3-6 所示。

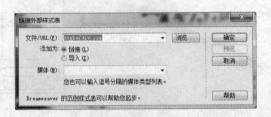

图 9-3-6 "链接外部样式表"对话框

（5）切换到 div.css 文件中，分别创建通配符的 CSS 规则：

```
* {
margin:0px;
border:0px;
padding:0px;
}
```

body 标签的 CSS 规则：

```
body {
    font-family:"宋体";
    font-size:12px;
    color:#000000;
}
```

伪类的 CSS 规则：

```
a:link {
text-decoration:none;
}
a:visited {
text-decoration:none;
}
a:hover {
text-decoration:underline;
}
a:active {
text-decoration:none;
}
```

（6）打开 index.html 文件，使用鼠标在【插入】面板的【布局】选项卡中单击【插入 Div 标签】按钮 ▦，弹出【插入 Div 标签】对话框，在【插入】下拉菜单中选择【在插入点】选项，在【ID】下拉列表框中输入"container"，单击【确定】按钮，即可在页面中插入 container 容器，如图 9-3-7 所示。

切换到 div.css 文件中，创建一个名为#container 的 CSS 规则：

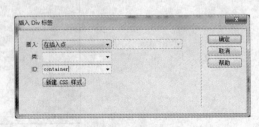

图 9-3-7 【插入 Div 标签】对话框

```
#container {
    background-image: url(../images/bj1.jpg);
    background-repeat: no-repeat;
    background-position: left top;
    width: 900px;
    height: 600px;
}
```

切换回设计页面，页面效果如图 9-3-8 所示。

图 9-3-8 插入 container 后的效果

（7）将光标定位在设计视图的 container 容器中，删除多余的文字，在【插入】面板的【布局】选项卡中单击【插入 Div 标签】按钮 ，弹出【插入 Div 标签】对话框，在【插入】下拉菜单中选择【在开始标签之后】选项，并在其后方下拉菜单中选择【<div id="container">】选项，在【ID】下拉列表框中输入"top-menu"，单击【确定】按钮，即可在 container 容器内部插入 top-menu 容器，如图 9-3-9 所示。

图 9-3-9 【插入 Div 标签】对话框

切换到 div.css 文件中，创建一个名为#top-menu 的 CSS 规则：

```
#top-menu {
    line-height: 20px;
    float: left;
    width: 180px;
    margin-top: 15px;
    margin-right: 0px;
    margin-bottom: 0px;
```

```
    margin-left: 15px;
    text-align: left;
}
```

切换回设计页面中，将 top-menu 层中多余的文字删去，并输入"首页品种技术活动"文字内容，页面效果如图 9-3-10 所示。

（8）将光标定位在设计视图的 top-menu 容器中，切换到代码视图，将如下的代码插入到相应的位置。

图 9-3-10　输入文字内容

```
<body>
<div id="container">
  <div id="top-menu">首页<span>|</span>
  品种<span>|</span>
  技术<span>|</span>活动</div>
</div>
</body>
```

切换到 div.css 文件中，创建一个名为#top-menu span 的 CSS 规则：

```
#top-menu span{
margin-left:5px;
margin-right:5px;
}
```

切换回设计页面中，页面效果如图 9-3-11 所示。

（9）将光标定位在设计视图中，在【插入】面板的【布局】选项卡中单击【插入 Div 标签】按钮 ，弹出【插入 Div 标签】对话框，在【插入】下拉菜单中选择【在标签之后】选项，并在其后方下拉菜单中选择【<div id="top-menu">】选项，在【ID】下拉列表框中输入"main"，单击【确定】按钮，即可在 top-menu 容器后面插入 main 容器，如图 9-3-12 所示。

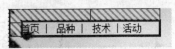

图 9-3-11　应用样式后的效果

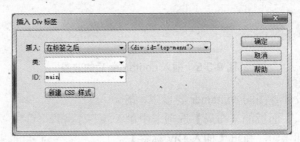

图 9-3-12　【插入 Div 标签】对话框

切换到 div.css 文件中，创建一个名为#main 的 CSS 规则：

```
#main {
    height: 570px;
    width: 430px;
    float: right;
    margin-top: 20px;
}
```

切换回设计页面中，页面效果如图 9-3-13 所示。

（10）将光标定位在设计视图的 main 容器中，删除多余的文字，在【插入】面板的【布局】选项卡中单击【插入 Div 标签】按钮 ，弹出【插入 Div 标签】对话框，在【插入】下拉菜单中选择【在开始标签之后】选项，并在其后方下拉菜单中选择【<div id="main">】选项，在【ID】下拉列表框中输入"main-top"，单击【确定】按钮，即可在 main 容器内部插入 main-top 容器，如图 9-3-14 所示。

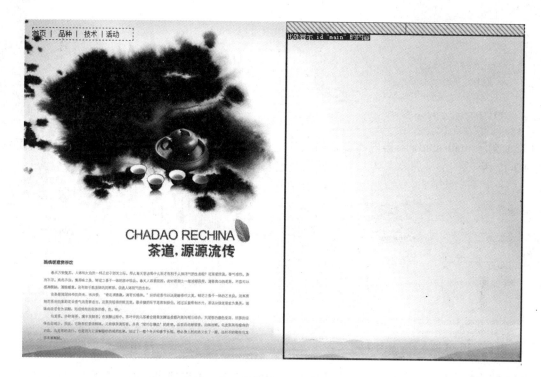

图 9-3-13　插入 main 层后的效果

切换到 div.css 文件中，创建一个名为#main-top 的 CSS 规则：

```
#main-top {
    height: 91px;
    width: 430px;
}
```

（11）切换到 index.html 网页的设计页面中，删除 main-top 内部的多余文字，在该容器中插入图像"images/bt1.jpg"。切换到 div.css 文件中，创建一个名为#main-top img 的 CSS 规则：

```
#main-top img {
    float: left;
    margin-left: 80px;
}
```

应用 CSS 规则后的页面效果如图 9-3-15 所示。

图 9-3-14　【插入 Div 标签】对话框　　　　图 9-3-15　应用"main-top img"CSS 规则后的页面效果

（12）将光标定位在设计视图中，在【插入】面板的【布局】选项卡中单击【插入 Div 标签】按钮，弹出【插入 Div 标签】对话框，在【插入】下拉菜单中选择【在标签之后】选项，并在其后方下拉菜单中选择【<div id="main-top">】选项，在【ID】下拉列表框中输入"main-mid1"，单击【确定】按钮，即可在 main-top 容器后面插入 main-mid1 容器，如图 9-3-16 所示。

切换到 div.css 文件中，创建一个名为#main-mid1 的 CSS 规则：

```
#main-mid1 {
    height: 30px;
    width: 430px;
    float: left;
    margin-top: 50px;
}
```

（13）删除 main-mid1 容器内部多余的文字，在该容器中插入图像"images/01.jpg"。页面效果如图 9-3-17 所示。

图 9-3-16 【插入 Div 标签】对话框   图 9-3-17 在 main-mid1 容器中插入图像

（14）将光标定位在设计视图中，在【插入】面板的【布局】选项卡中单击【插入 Div 标签】按钮，弹出【插入 Div 标签】对话框，在【插入】下拉菜单中选择【在标签之后】选项，并在其后方下拉菜单中选择【<div id="main-mid1">】选项，在【ID】下拉列表框中输入"main-main1"，单击【确定】按钮，即可在 main-mid1 容器后面插入 main-main1 容器，如图 9-3-18 所示。

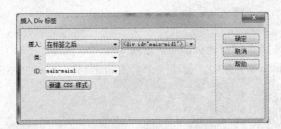

图 9-3-18 【插入 Div 标签】对话框

切换到 div.css 文件中，创建一个名为#main-main1 的 CSS 规则：

```
#main-main1 {
    width: 430px;
    float: left;
    height: 80px;
    line-height: 20px;
    margin-top: 20px;
}
```

（15）删除 main-main1 容器内部多余的文字，插入一个 id="main1-text"的 Div 容器，并在其内部输入相应的文字内容，然后切换到 div.css 文件中，创建一个名为#main1-text 的 CSS 规则：

```
#main1-text {
    margin-right: 15px;
    margin-left: 10px;
    text-align: left;
}
```

应用 CSS 规则后的页面效果如图 9-3-19
所示。

（16）根据 main-mid1、main-main1 和
main1-text 层的制作方法，依次制作 main-mid2、
main-main2、main2-text、main-mid3、main-main3
和 main3-text 层的内容，在 div.css 文件中分别
定义它们的 CSS 规则：

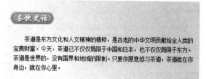

图 9-3-19　应用 "main1-text" CSS 规则后的页面效果

```
#main-mid2 {
    height: 30px;
    width: 430px;
    float: left;
    margin-top: 20px;
}
#main-main2 {
    width: 430px;
    float: left;
    height: 60px;
    line-height: 20px;
    margin-top: 20px;
}
#main2-text {
    margin-right: 15px;
    margin-left: 10px;
    text-align: left;
}
#main-mid3 {
    height: 30px;
    width: 430px;
    float: left;
    margin-top: 20px;
}
#main-main3 {
    width: 430px;
    float: left;
    height: 70px;
    line-height: 20px;
    margin-top: 20px;
}
#main3-text {
    margin-right: 15px;
    margin-left: 10px;
}
```

应用 CSS 规则后的页面效果如图 9-3-20 所示。

（17）将光标定位在设计视图中，在【插入】面板的【布局】选项卡中单击【插入 Div 标签】按钮
，弹出【插入 Div 标签】对话框，在【插入】下拉菜单中选择【在标签之后】选项，并在其后方
下拉菜单中选择【<div id="main">】选项，在【ID】下拉列表框中输入 "footer"，单击【确定】按钮，
即可在 main 容器后面插入 footer 容器，如图 9-3-21 所示。

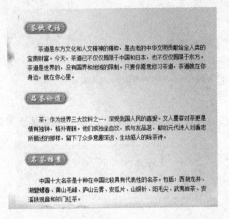

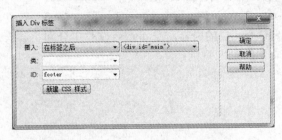

图 9-3-20　应用 CSS 规则的页面效果　　　　图 9-3-21　【插入 Div 标签】对话框

删除 footer 容器内部多余的文字，切换到 div.css 文件中，创建一个名为#footer 的 CSS 规则：

```
#footer {
    float: left;
    height: 50px;
    width: 900px;
    background-image: url(../images/footer.jpg);
}
```

（18）删除 footer 容器内部多余的文字，插入一个 id="footer-text"的 Div 容器，并在其内部输入版权信息等文字内容，然后切换到 div.css 文件中，创建一个名为#footer-text 的 CSS 规则：

```
#footer-text {
    text-align: center;
    margin-top: 10px;
    line-height: 20px;
}
```

（19）至此，页面制作已经完成。保存网页，预览效果，如图 9-3-22 所示。

图 9-3-22　茶道网站首页效果图

 任务小结

本任务介绍了使用Div+CSS布局页面的优点；CSS盒子模型的组成；使用Div+CSS布局简单网页的方法。

 项目综合实训

实训1

新建一个网页，添加一个AP Div元素并输入文字"我是测试文本"，设置其背景为黄色、文本颜色为红色。为其添加"改变属性"行为，当鼠标滑过该AP元素时，背景色变为蓝色、文本变为白色，移开时复原。将网页以"changeprop.html"文件名保存，在浏览器中观察效果。

实训2

根据操作提示，使用Div标签布局如图9-4-1所示的网页。

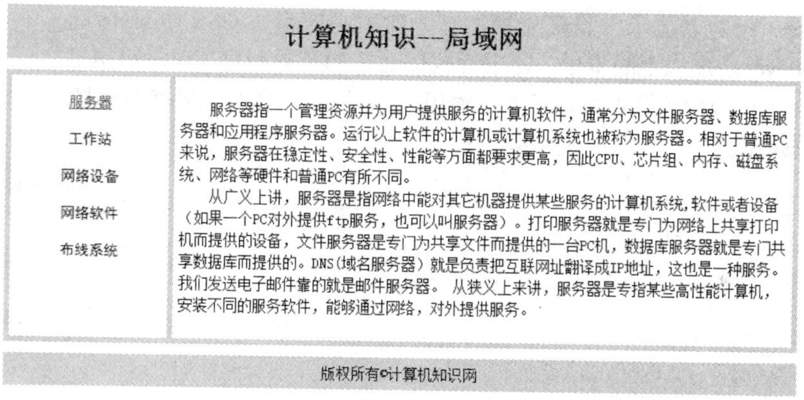

计算机知识--局域网

服务器	服务器指一个管理资源并为用户提供服务的计算机软件，通常分为文件服务器、数据库服务器和应用程序服务器。运行以上软件的计算机或计算机系统也被称为服务器。相对于普通PC来说，服务器在稳定性、安全性、性能等方面都要求更高，因此CPU、芯片组、内存、磁盘系统、网络等硬件和普通PC有所不同。
工作站	
网络设备	从广义上讲，服务器是指网络中能对其它机器提供某些服务的计算机系统，软件或者设备（如果一个PC对外提供ftp服务，也可以叫服务器）。打印服务器就是专门为网络上共享打印机而提供的设备，文件服务器是专门为共享文件而提供的一台PC机，数据库服务器就是专门共享数据库而提供的。DNS（域名服务器）就是负责把互联网址翻译成IP地址，这也是一种服务。我们发送电子邮件靠的就是邮件服务器。　从狭义上来讲，服务器是专指某些高性能计算机，安装不同的服务软件，能够通过网络，对外提供服务。
网络软件	
布线系统	

版权所有©计算机知识网

图9-4-1　使用Div+CSS布局页面实训

【操作提示】

（1）重新定义标签"body"的CSS样式，使文本居中对齐。

（2）设置页眉部分。插入Div标签"TopDiv"，并定义其CSS样式：设置文本大小为"24像素"，粗体显示，行高为"50像素"，背景颜色为"#CCCCCC"，文本对齐方式为"居中"，方框宽度为"750像素"，高度为"50像素"。

（3）设置主体部分。在Div标签"TopDiv"后插入Div标签"MainDiv"，并定义其CSS样式：设置背景颜色为"# CCCCCC"，方框宽度为"750像素"，高度为"250像素"，上边界为"10像素"。

（4）设置主体左侧部分。在Div标签"MainDiv"内插入Div标签"LeftDiv"，并定义其CSS样式：设置文本大小为"12像素"，背景颜色为"# FFFFCC"，文本对齐方式为"居中"，方框宽度为"150像素"，高度为"240像素"，浮动为"左对齐"，上边界和左边界均为"5像素"。

（5）设置主体右侧部分。在Div标签"LeftDiv"后插入Div标签"RightDiv"，并定义其CSS样式：设置文本大小为"14像素"，背景颜色为"# FFFFFF"，文本对齐方式为"左对齐"，方框宽度为"575像素"，高度为"230像素"，浮动为"右对齐"填充均为"5像素"上边界和右边界均为"5像素"。

（6）设置页脚部分。在标签Div标签"MainDiv"后插入Div标签"FootDiv"，定义其CSS样式：设置文本大小为"14像素"，行高为"30像素"，背景颜色为"# CCCCCC"，方框宽度为"755像素"，高度为"30像素"，上边界为"10像素"。

项目小结

本项目通过几个实例向读者介绍了 AP 元素、行为，以及用 Div+CSS 布局网页。这些内容需要读者有一定的代码基础，读者应尽量读懂代码并能模仿使用。有兴趣的读者还可以通过互联网搜索一些有趣或实用的代码及第三方行为来丰富自己的网页设计。用 Div+CSS 布局网页，可使网页结构清晰；网页加载速度提升；整站风格统一、易维护；受搜索引擎欢迎，进而提高网站排名。

思考与练习

填空题

1. _____使用了 CSS 样式中的绝对定位属性，它可以被准确地_____到页面的任何位置上。

2. Dreamweaver 的"拖动 AP 元素"行为应附加到_____。

3. Dreamweaver 的"显示－隐藏元素"行为实质是应用了 CSS 中 style 的_____属性。

4. Dreamweaver CS3 以上版本中，不书写代码而在网页中创建菜单，可用_____方法实现。

5. 为单个文本域添加的检查表单行为，使用_____事件是最好的选择；而附加到表单的检查表单行为，则应使用_____事件。

项目十　测试、发布和管理网站

▌项目概述

　　一个网站从建立到投入使用通常要遵循以下顺序：合理规划站点、构建本地站点和远程站点、站点的测试及站点的发布、管理与推广宣传。通过本项目的学习，读者能够掌握测试、发布和管理网站的方法和操作；掌握配置FTP服务器的方法；学会申请域名和空间的方法；了解宣传推广网站的方式。

▌项目分析

　　本项目包括两个任务：测试网站和发布、管理与宣传推广网站。主要讲述测试网站的方法和过程；利用Dreamweaver检查连接、检查目标浏览器兼容性、验证标记，以及使用报告测试站点的方法和技巧；使用Dreamweaver发布、管理网站，以及配置FTP服务器的方法；如何申请域名和空间；宣传推广网站的方式。其中测试网站的方法和如何配置FTP服务器是本项目学习的难点。

▌项目目标

- 掌握测试网站的方法和操作。
- 掌握配置FTP服务器的方法。
- 学会申请域名和空间的方法。
- 学会在站点管理器中设置有关FTP的参数选项。
- 学会通过Dreamweaver发布网站的方法。
- 学会通过Dreamweaver管理网站的方法。
- 了解宣传推广网站的方式。

任务一　测试网站

　　一个网站制作完成后，在网站发布之前应进行严格的测试，以检查各个超级链接是否正确，网页脚本是否正确，文字、图像显示是否正常等。

　　通过本任务的学习，读者能够掌握测试网站的方法和过程；利用Dreamweaver检查连接、检查目标浏览器兼容性、验证标记，以及使用报告测试站点的方法和技巧。

活动　对网站进行整体测试

 知识准备

　　测试网站一般经过4个过程：测试网页、测试本地站点、用户测试及负载测试。

一、测试网页

　　这个阶段的主要任务是由网页制作人员测试所制作的网页，其测试内容主要是HTML源代码是否规范完整，网页程序逻辑是否正确，是否存在空链、断链、链接错误、孤立文件等。

1. 检查链接

利用 Dreamweaver CS3 提供的【链接检查器】方便地检查错误链接。图 10-1-1 所示为链接检查器。

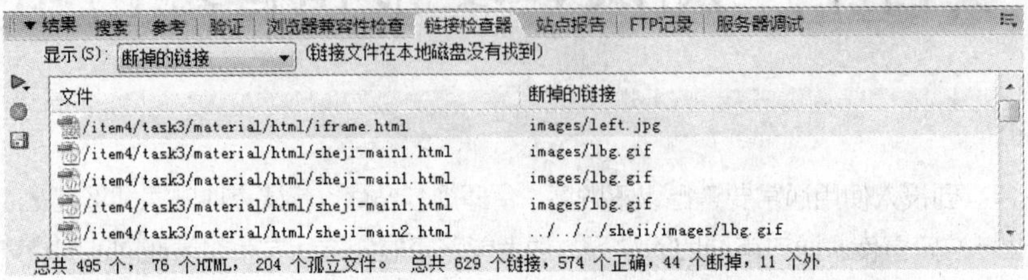

图 10-1-1　链接检查器

链接检查器显示的结果分为断掉的链接、外部链接、孤立文件 3 种类型。

（1）断掉的链接：链接文件在本地磁盘中没有找到。

（2）外部链接：链接到站点外的页面无法检查。

（3）孤立文件：没有进入链接的文件。

2. 检查目标浏览器兼容性

由于浏览者的浏览器类型或版本不同，导致浏览同一网页时显示的效果也会不同。网页中的图像、文本等元素在不同浏览器中显示效果的差异不大，但是 CSS 样式、层、行为等元素在不同浏览器中显示效果的差异可能很大，所以有必要对目标浏览器的兼容性进行检查。【浏览器兼容性检查】窗口如图 10-1-2 所示为链接检查器。

图 10-1-2　【浏览器兼容性检查】窗口

3. 使用报告测试站点

可以利用站点报告来检查 HTML 标签。站点报告包含可合并的嵌套字体标签、遗漏的替换文本、冗余的嵌套标签、可移除的空标签和无标题文档等内容。

运行报告后，可将报告保存为 XML 文件，然后将其导入模板实例、数据库或电子表格中，再将其打印出来或在 Web 站点上进行显示。

二、测试本地站点

这个阶段的主要任务是将多个人制作的网页整合成一个完整的网站，同时对本地站点进行联合测试，最好是由没有直接参与网站制作的人来完成测试。其测试内容主要包括以下几个方面。

1. 检查链接

这个测试阶段的检查链接不再利用"链接检查器"来检查错误链接，而是通过浏览网页对链接逐个检查，检查内容包括是否有空链、断链、链接错误；页面之间是否能通过顺利切换；是否有回到上层页面或主页的渠道等。

2. 检查页面效果

检查网页中的脚本是否正确，是否会出现非法字符或乱码；文字显示是否正常；是否有显示不出来的图片；Flash 动画的画面出现时间是否过长；网页特效是否能正常显示等。

　　3. 检查网页的容错性

　　检查网页表单区域的文本框中输入字符时是否有长度的限制；表单中填写信息出错时，是否有提示信息，并允许重新填写；对于邮政编码、身份证号码之类的数据是否限制其长度等。

　　4. 检查兼容性

　　检查制作的网页在浏览器显示是否正常。在纯文本模式下检查整个网站的信息表现能力。

三、用户测试

　　这个阶段的主要任务是以用户的身份测试网站的功能。

　　测试内容主要有评价每个页面的风格、颜色搭配、页面布局、文字的字体与大小等方面与网站的整体风格是否统一、协调；各种链接所放的位置是否合适；页面切换是否简便；对于当前的访问位置是否有明确的提示等。

四、负载测试

　　这个阶段的主要任务是安排多个用户访问网站，让网站在高强度、长时间的环境中进行测试。

　　测试内容主要有网站在多个用户访问时访问速度是否正常；网站所在服务器是否会出现内存溢出，CPU 资源占用是否正常。

任务实施

　　本任务通过对前面章节制作的网站进行整体的测试，掌握测试网站的方法和操作。这里以测试"时尚潮流"网站为例（读者也可以测试其他制作过的网站）。

一、检查链接

　　（1）在 Dreamweaver CS3 的【文件】面板中打开"时尚潮流"网站中已有的站点文件。

　　（2）选择【站点】→【检查站点范围的链接】命令，如图 10-1-3 所示，【链接检查器】就会检查整个站点的链接，并显示检查的结果。

　　（3）选择【显示】下拉列表中选项分别查看这 3 种情况的链接检查。

　　（4）修改错误链接：在【链接检查器】选项卡中选中要修改链接的文件，单击 按钮选择正确的链接；或者在文本框中直接输入正确的链接路径。

图 10-1-3　检查链接的结果

二、检查目标浏览器的兼容性

　　在 Dreamweaver CS3 主窗口中，选择【文件】→【检查页】→【浏览器兼容性】命令，打开【浏览器兼容性】窗口，单击【检查浏览器兼容性】按钮 ，弹出快捷菜单，如图 10-1-4 所示，检查浏览器的兼容性。

图 10-1-4　检查浏览器兼容性

三、使用报告测试站点

（1）选择【站点】→【报告】命令，打开【报告】对话框，如图 10-1-5 所示。

（2）在【报告在】下拉列表框中选择要检测的文档。这里选择【整个当前本地站点】。

注意： 下拉列表框中有 4 个选项：【当前文档】、【整个当前本地站点】、【站点中的已选文档】和【文件夹…】。

（3）在【选择报告】列表框中，设置要查看的工作流程和 HTML 报告的详细信息。这里选中【HTML 报告】内所有的选项，单击【运行】按钮，生成的站点报告如图 10-1-6 所示。

注意： 必须定义远程站点连接才能运行工作流程报告。

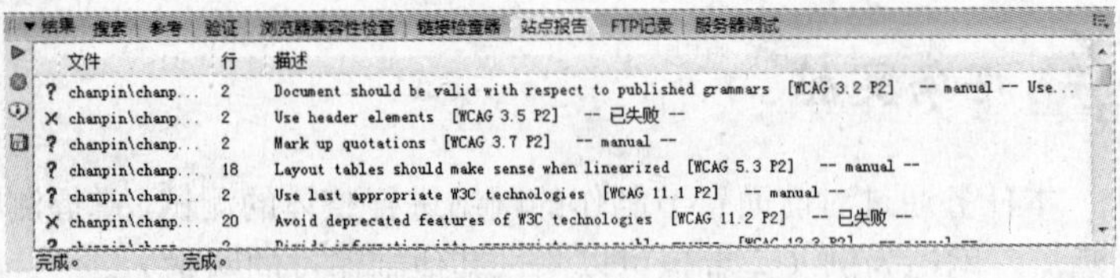

图 10-1-5 【报告】对话框

图 10-1-6 【站点报告】结果

（4）在报告结果中，选择一个报告，单击左侧的【更多信息】按钮，查看详细说明的出错信息；单击 🖫 按钮，将信息以文件形式保存。

（5）双击列表中的文件名能够打开该文档，而且在文档的代码窗口中需要修改的标签将加亮显示。

🕮 **任务小结**

本任务介绍了测试网站的方法和过程；利用 Dreamweaver 检查连接、检查目标浏览器兼容性、验证标记，以及使用报告测试站点的方法和技巧。

任务二　发布、管理与宣传推广网站

一个网站制作完成并测试成功后，需要上传到 Internet 上，这样用户才能访问。

通过本任务的学习，读者能够掌握使用 Dreamweaver 发布、管理网站，以及配置 FTP 服务器的方法；学会申请域名和空间的方法；了解宣传推广网站的方式。

活动　发布、管理与宣传推广网站

 知识准备

在站点发布之前，首先应该申请域名和网络空间，同时还要对本地计算机进行相应的配置，以完成网站的上传。

一、申请域名和空间

1. 申请域名

要想拥有属于自己的网站，则必须首先拥有一个域名。域名是网站在 Internet 上的名字，由若干英文字母和数字组成，由"·"分隔成几部分。例如，"www.163.com"就是一个域名。对于公司网站，一般可以使用公司名称或商标作为域名，域名的字母组成要便于记忆，且能够给人留下深刻的印象。

域名分为国内域名和国际域名两种。国内域名是由中国互联网中心管理和注册的，其网址是 http://www.cnnic.net.cn。要注册申请域名，首先要在线填写申请表，收到确认信后，提交申请表，然后加盖公章并缴费即可获得一个域名。国际域名的主要申请网址是 http://www.networksolution.com。

2. 申请空间

如果想建立一个自己的网站，就要选择适合自身条件的网站空间，网站空间的主要类型如下。

1）建立自己独立的 Web 服务器

企业自己建立一个机房，配备专业人员，购买设备；再向电信局申请专线；自己安装各种软件，开发服务程序，建立数据库系统，制作网页。

自己建立网站的缺点是成本太高。优点是可以使用自己的技术，维护方便，适合有较大信息量和功能的网站。

2）租用虚拟主机

虚拟主机是把一台计算机主机分成几台"虚拟"主机，每台虚拟主机都具有独立的域名和 IP 地址，具有完整的 Internet 服务器功能，对应于一个网站。

此种方式对中小企业是一种经济的选择。但这种选择牺牲了选择其他技术的自由，用户不可以在他们的机器上运行所有种类的软件，如果编写了一个程序，必须把它交给 ISP 的技术员认定后才能使用，因为如果编写的程序有问题，可能会使整个服务器受影响，最终导致死机，因此，许多 ISP 的服务条款中都对客户运行的程序有限制。

3）服务器托管方案

将自己的服务器放在 ISP 网络中心，借用 ISP 的网络通信系统接入 Internet，由 ISP 的技术人员负责维护和管理。此种方案适合有较大信息量和数据库而需要很大存储空间或建立一个很大站点的用户使用。

综上所述，用户可以根据需要来选择正确的方式。但是，对于大多数用户来说，都是到网上寻找网站空间。目前，网络上提供的空间有两种：收费空间和免费空间。

对于初学者，可以先申请一个免费空间。网络上有很多提供免费空间的服务商，例如，可以登录到 www.5944.net 网站上，按提示操作，在申请成功后，一般它会提供一个绑定的域名，要记下 FTP 主机、用户名和密码等信息，如图 10-2-1 所示。

免费空间一般不需要付费，但同时不支持应用程序技术和数据库技术。收费空间提供的服务更全面一些，主要体现在提供的空间容量更大，支持应用程序技术，提供数据库空间等。

图 10-2-1　免费空间申请成功界面

二、发布网站

完成了网站的制作、优化、测试之后，就可以发布到 Internet 上供他人浏览了。

网站的发布方式主要有以下几种：

（1）手工发布，即通过存储介质如光盘、移动存储设备、网络共享文件等形式将网站直接复制到服务器上的相应目录下，或直接在服务器上制作完成。这种方法不适合远程管理。

（2）FTP 发布，用 Cuteftp、LeechFtp 等 FTP 工具将网站上传到服务器上。

（3）HTTP 发布，即通过页面直接上传。

（4）用具有网站发布功能的专门软件发布，如 Dreamweaver、FrontPage 等。

以上几种发布方式的选择主要取决于服务器端的设置，不同服务器会有不同的具体要求。

三、管理网站

1. 同步本地和远程站点

本地站点的文件上传至 Web 服务器上后，利用 Dreamweaver 的同步功能使本地站点和远程站点上的文件保持一致，这样可以把文件的最新版本上传到远程站点，也可以从远程站点传回本地站点以便编辑。

2. 在设计备注中管理站点信息

使用设计备注可以对整个站点或某个文件夹或某个文件增加附注信息，这样用户就可以时刻跟踪、管理每个文件，了解文件的开发信息、安全信息、状态信息等。实际上保存在设计备注中的设计信息是以文件的形式存在的，这些文件都保存在“_notes”文件夹中，文件的扩展名是.mno。

3. 遮盖文件和文件夹

对网站中某一类型的文件或某些文件夹使用遮盖功能，可以在上传或下载的时候排除这一类型的文件和文件夹。例如，如果不希望每次上传较大的多媒体文件，就可以遮盖这些类型的文件。此外，Dreamweaver 还会从报告、检查更改链接、搜索替换、同步、【资源】面板内容、更新库和模板等操作中排除被遮盖的内容。默认情况下，Dreamweaver 启用了站点遮盖功能。

4. 存回和取出文件

大型专业网站通常需要一个团队协作开发和维护，这样就会存在多人同时操作一个文件的情况，更新时则相互覆盖，会造成信息丢失或页面混乱，为了避免这种可能存在的冲突，Dreamweaver 增加了存回和取出这个机制，确保同一时间，只能由一个用户对此网页进行修改。

当一个网页被取出，那么该文件只能被执行取出的该网页设计人员使用，其他团队成员不能对该网页进行修改；当网页修改结束后，对该文件执行存回操作，这样其他人就可以对这个文件进行修改了。

取出文件和存回文件后，Dreamweaver 会在被“取出”的文件的同级目录下产生一个“.lck”文件，该文件是隐藏文件，用来记录“取出”信息，可将其删除。

取出文件方法很简单，在站点管理器的【文件】面板中选中一个或多个文件，单击站点管理器上方的【取出文件】 按钮，文件即被取出。

存回文件的操作类似，先选择已经被取出的文件，然后单击站点管理器上方的【存回文件】 按钮即可。

四、推广宣传网站

网站发布后，应当借助一定的网络工具和资源进行网站的宣传和推广，包括搜索引擎、分类目录、电子邮件、网站链接、在线黄页、分类广告、电子书、免费软件、网络广告媒体、传统推广渠道等。只有扩大和建立起网站的知名度，网站才能吸引人们的访问。

1. 登录搜索引擎

网站推广的第一步是要确保浏览者可以在主要搜索引擎里检索到用户的站点。类似的搜索引擎主要有 http://cn.yahoo.com（中文雅虎）、http://www.baidu.com（百度）、http://www.google.com（谷歌）、http://www.21cn.com（21 世纪）等著名搜索引擎。

注册加入搜索引擎的方法有两种：一种是数据库中关键字搜索；一种是对网页 meta 元素的搜索。

2. 友情链接

友情链接可以给一个网站带来稳定的客流，另外还有助于网站在百度、谷歌等搜索引擎提升排名。

最好能链接一些流量比自己高的、有知名度的网站，或者是和自己内容互补的网站，然后是同类网站，链接同类网站时要保证自己网站有独特、吸引人之处。另外在设置友情链接时，要做到链接和网站风格一致，保证链接不会影响自己网站的整体美观，同时也要为自己的网站制作一个有风格的链接 Logo 以供交换链接。

3. 登录网站导航站点

如果网站被收录到流量比较大的诸如"网址之家"或"265 网址"这样的导航网站中，对于一个流量不大、知名度不高的网站来说，带来的流量远远超过搜索引擎及其他的方法。单单推荐给网址之家被其收录在内页一个不起眼的地方，每天就可能给网站带来 200 访客左右的流量。

4. 网络广告

网络媒介的主要受众是网民，有很强的针对性，借助于网络媒介的广告是一种很有效的宣传方式。目前，网站上的广告铺天盖地，足以证明网络广告在推广宣传方面的威力。

5. 在专业论坛上发表文章、消息

如果用户经常访问论坛，经常看到很多用户在签名处都留下了他们的网址，这也是网站推广的一种方法。

6. 邮件订阅

如果网站内容足够丰富，可以考虑向用户提供邮件订阅功能，让用户自由选择"订阅"、"退订"、"阅读"的方式，及时了解网站的最新动态，这样有利于稳定网站的访问量，提高网站的知名度，这比发垃圾邮件更贴近用户的心理。

任务实施

本任务以发布和管理"时尚潮流"网站为例（读者也可以发布其他制作过的网站），介绍发布、管理和维护网站的方法。

一、在 www.5944.net 网站上申请一个免费的空间

二、发布网站

本任务主要介绍如何使用 Dreamweaver 进行网站的发布。无论是从本地站点上传文件到远程服务器，还是从远程服务器取回文件，都应首先建立本地站点和远程服务器之间的连接。为此，首先需要把申请的虚拟空间的信息设置到 Dreamweaver 对应的站点中，然后才能通过 Dreamweaver 内置的站点管理功能上传或下载站点文件。

1. 设置远程服务器

Dreamweaver CS3 自带 FTP 上传功能，使用 Dreamweaver CS3 FTP 功能必须先设置远程服务器。

（1）选择【站点】→【管理站点】命令，打开【管理站点】对话框，如图 10-2-2 所示。

图 10-2-2　【管理站点】对话框

（2）在【管理站点】的站点列表对话框中，选择一个需要设置远

程站点信息的站点，这里选择"shishang-web"站点，然后单击【编辑】按钮。

（3）在弹出的【shishang-web 的站点定义为】对话框左边的【分类】列表框中选择【远程信息】选项，在【访问】下拉列表框中选择最常用的 FTP 方式作为服务器访问方式，按照申请的域名空间信息，配置站点的远程服务器属性，如图 10-2-3 所示，配置完毕后，单击【确定】按钮。

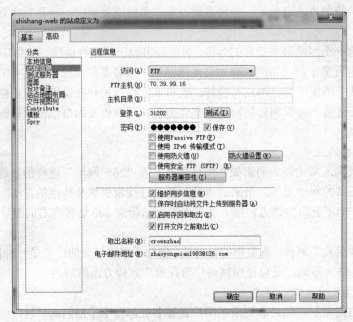

图 10-2-3　设置远程服务器参数

2．上传和下载文件

（1）在【文件】面板中单击【展开显示本地和远程站点】按钮 ，展开后面板的左边显示的是远程站点的文件，右边显示的是本地文件，如图 10-2-4 所示。

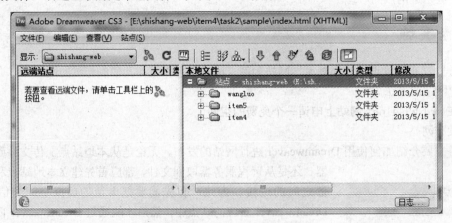

图 10-2-4　显示远端站点和本地站点

（2）单击工具栏的【连接到远端主机】按钮 ，开始连接到远程主机。如图 10-2-5 所示，正在连接远程主机。

（3）在【本地文件】窗格中选择要发布的站点，单击【文件】面板中的 按钮，开始上传文件，如图 10-2-6 和图 10-2-7 所示。

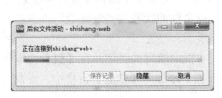

图 10-2-5 连接远程主机

图 10-2-6 上传站点

（4）文件上传完成后，在左侧的远程站点中可以看到上传的文件，如图 10-2-8 所示。

图 10-2-7 正在上传文件

图 10-2-8 远程站点与本地站点中的文件

（5）下载站点文件：从【远端站点】窗格中选择需要的文件，然后将它们拖动到【本地文件】窗格的某个文件夹中；或者从【远端站点】窗格中选择文件，然后单击 ⬇ 按钮。

三、管理网站

1. 同步本地和远程站点

（1）与 FTP 主机连接成功后，选择【站点】→【同步】命令，或者单击【文件】面板的【同步】按钮，出现【同步文件】对话框。

（2）在【同步】下拉列表框中，选择【整个"shishang-web"站点】选项，如图 10-2-9 所示。

注意：如果选择【整个"站点名称"站点】，则同步整个站点，如果选择【仅选中的本地文件】，则只同步选定的文件。

（3）在【方向】下拉列表框中，选择【放置较新的文件到远程】选项，单击【预览】按钮后，开始在本地计算机与服务器端的文件之间进行比较，比较结束后，如果发现文件不完全一样，将在列表中罗列出需要上传的文件名称，如图 10-2-10 所示。

图 10-2-9 【同步文件】对话框

图 10-2-10 比较结果显示在列表中

（4）单击【确定】按钮，系统便自动更新远端服务器中的文件。

2．添加设计备注

（1）在【文件】面板中选中 index.html 文件，右击，在弹出的快捷菜单中选择【设计备注】。

（2）在【设计备注】对话框中的【基本信息】选项卡中选择文件的状态为"最终版"，添加备注文字为："时尚潮流网站 使用表格布局"，效果如图 10-2-11 所示。

（3）切换到【所有信息】选项卡进行设计，在【名称】文本框中填写关键字，在【值】文本框中填写关键字对应的值，然后单击【+】按钮，将设置的【名称－值】添加到【信息】窗格中。设置完毕后单击【确定】按钮，将结果保存。

3．关闭或激活网站遮盖

（1）在【文件】面板中选择"shishang-web"网站，右击，从快捷菜单中选择【遮盖】→【设置】命令。

（2）在【shishang-web 的站点定义为】对话框左侧的【类别】列表中选择【遮盖】选项，选择【启用遮盖】选项，选择【遮盖具有以下扩展名的文件】选项并输入要遮盖的文件类型，如图 10-2-12 所示，设置完毕后单击【确定】按钮。

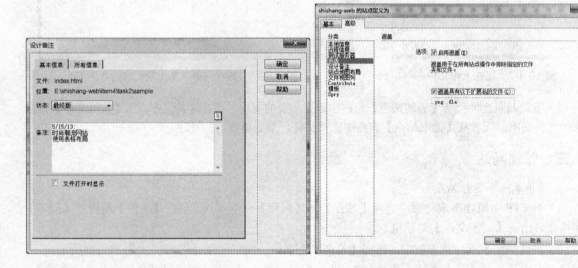

图 10-2-11　添加设计备注　　　　图 10-2-12　启用/取消遮盖

 任务小结

本任务介绍了使用 Dreamweaver 发布、管理网站，以及配置 FTP 服务器的方法；申请域名和空间的方法；宣传推广网站的方式。

 项目综合实训

测试、发布和管理"众人互联"网站。

【操作步骤】

（1）对"众人互联"网站进行整体测试。

（2）申请免费空间。

（3）使用 Dreamweaver CS3 FTP 功能设置远程服务器。

（4）使用 Dreamweaver CS3 站点管理器发布网页。

（5）管理、维护网站。

 项目小结

一个网站在发布之前必须经过认真的测试，确认无误之后才能上传到服务器上供他人浏览。本项目介绍了测试网站、申请域名和空间、发布与管理网站、宣传与推广网站等相关的知识。

 思考与练习

一、填空题

1．测试网站一般经过 4 个过程分别是_____、_____、用户测试及负载测试。

2．Windows 操作系统中，一个专门的 Internet 信息服务器系统是_____。

3．_____是浏览者访问站点的默认目录。

4．虚拟目录的好处是_____。

二、选择题

1．在【网站属性】对话框中，（   ）选项卡可以设置内容过期属性。

    A．虚拟目录   B．文档   C．内容   D．HTTP 头

2．打开【结果】面板并切换至【链接检查器】面板，其中的【显示】下拉列表框中包含有 3 种可检查的链接类型，下面（   ）选项不属于该下拉列表框。

    A．断掉的链接   B．外部链接   C．孤立文件   D．检查链接

3．按（   ）组合键可在浏览器中显示文档。

    A．F12   B．Ctrl+F12   C．Alt+F12   D．Shift+F

4．下面（   ）服务不属于网络服务。

    A．DHCP   B．FTP   C．Web   D．社区

三、简答题

1．测试网站的过程是什么？都有哪些主要的步骤？

2．如何配置 FTP 服务器？